FORSCHUNGSBERICHTE
DES WIRTSCHAFTS- UND VERKEHRSMINISTERIUMS
NORDRHEIN-WESTFALEN

Herausgegeben von Staatssekretär Prof. Leo Brandt

Nr. 163

Dipl.-Ing. W. Rohs
Text.-Ing. H. Griese

Untersuchungsarbeiten zur Verbesserung des Leinenwebstuhles III

aus dem
Techn.-Wissenschaftl. Büro für die Bastfaserindustrie, Bielefeld

Als Manuskript gedruckt

Springer Fachmedien Wiesbaden GmbH

1955

ISBN 978-3-663-19919-9    ISBN 978-3-663-20263-9 (eBook)
DOI 10.1007/978-3-663-20263-9

*Forschungsberichte des Wirtschafts- und Verkehrsministeriums Nordrhein-Westfalen*

G l i e d e r u n g

Einleitung und Aufgabenstellung . . . . . . . . . . . . . . . . . . . S. 5

A. Die Wirkung verschiedener Litzenarten und -formen bei der Verwebung von Leinengarnen . . . . . . . . . . . . . . . . . . S. 6

    I. Untersuchungen auf dem Litzenprüfgerät

        1. Beschreibung des Gerätes . . . . . . . . . . . . . . . . S. 7

        2. Kennlinien des Litzenprüfgerätes . . . . . . . . . . . . S. 8

        3. Garne und Fadendichten . . . . . . . . . . . . . . . . S. 17

        4. Weblitzen . . . . . . . . . . . . . . . . . . . . . . . S. 18

        5. Litzenprüfung und ihre Ergebnisse . . . . . . . . . . . S. 2o

    II. Versuche auf dem Webstuhl

        1. Webstühle . . . . . . . . . . . . . . . . . . . . . . . S. 3o

        2. Garn- und Gewebedaten . . . . . . . . . . . . . . . . . S. 3o

        3. Weblitzen . . . . . . . . . . . . . . . . . . . . . . . S. 3o

        4. Webversuche und ihre Ergebnisse . . . . . . . . . . . . S. 33

            a) Webversuche . . . . . . . . . . . . . . . . . . . . S. 33

            b) Häufigkeit der Stillstände . . . . . . . . . . . . S. 34

            c) Gewebefestigkeit und Garnfestigkeitsverluste . . . . S. 4o

            d) Untersuchung der Weblitzen . . . . . . . . . . . . S. 45

            e) Auswertung der Ergebnisse nach Abschnitt 4 b - d . . S. 47

B. Die Stellung der Webschäfte zur Kette

        1. Versuchsanordnung . . . . . . . . . . . . . . . . . . . S. 52

        2. Garn- und Gewebedaten . . . . . . . . . . . . . . . . . S. 53

        3. Webversuche . . . . . . . . . . . . . . . . . . . . . . S. 54

        4. Gewebeprüfung . . . . . . . . . . . . . . . . . . . . . S. 55

        5. Versuchsergebnisse . . . . . . . . . . . . . . . . . . S. 55

            a) Webversuche . . . . . . . . . . . . . . . . . . . . S. 55

            b) Gewebe . . . . . . . . . . . . . . . . . . . . . . S. 56

        6. Darstellung der Schaftbewegung und der Kettspannungsverhältnisse bei verschiedenen Schaftbewegungsrichtungen   S. 58

Zusammenfassung . . . . . . . . . . . . . . . . . . . . . . . . . . . S. 64

*Forschungsberichte des Wirtschafts- und Verkehrsministeriums Nordrhein-Westfalen*

## Einleitung und Aufgabenstellung

Die Litzen üben beim Weben auf die Kettfäden eine mehr oder weniger große Scheuer- und Biegebeanspruchung aus. Diese kann durch ungeeignete Ausführungen der Weblitzen soweit gehen, daß nach Zerstörung des den Faden umhüllenden und schützenden Schlichtemantels eine Aufrauhung des Kettgarns eintritt, die eine Festigkeitsminderung zur Folge hat. Ein in den Weblitzen aufgerauhtes Garn setzt dem Fachwechselvorgang Widerstand entgegen, wodurch insbesondere bei Leinwandbindung und hoher Kettdichte der Webprozeß erschwert wird. Vor allem feine Garne, die von Natur aus eine geringere Festigkeit aufweisen, werden bei der Wahl ungünstig wirkender Litzen eine erhöhte Fadenbruchhäufigkeit erfahren, die zu einer Herabsetzung des Webstuhlwirkungsgrades führt. Das gleiche ist bei der Herstellung dichter Waren zu erwarten.

Aber auch davon unabhängig haben die Litzen einen unmittelbaren Einfluß auf die Häufigkeit der auftretenden Kettfadenbrüche, also auf die Webstuhlstillstände und den Webstuhlwirkungsgrad. Das Vermögen, bei Fachwechsel sich infolge Garnunregelmäßigkeiten verhängende Fäden voneinander zu lösen, oder jene bei Leinengarnen unvermeidlichen Unregelmäßigkeiten passieren zu lassen, sind unbestreitbar hierbei zu beachtende Faktoren. Dabei brauchen die Auswirkungen auf die Garnfestigkeit und auf die Kettfadenbruchhäufigkeit nicht in allen Fällen konform zu gehen. Es ist denkbar - und wird auch zu zeigen sein -, daß Litzenformen, die sich hinsichtlich Erhaltung der Festigkeit vorteilhaft verhalten, den Stuhlwirkungsgrad ungünstig beeinflussen und umgekehrt.

Bei der Auswahl der Weblitzen ist natürlich auch auf ihre gute Haltbarkeit, d.h. lange Lebensdauer Wert zu legen. Von den Weblitzenherstellern wird angestrebt, die Forderungen nach höchst erreichbarem Webwirkungsgrad, niedrigst möglichem Fadenfestigkeitsverlust und nach einer langen Lebensdauer der Litzen weitgehendst miteinander zu vereinbaren und ihnen zu entsprechen. Die Entwicklung ging aus von der Zwirnlitze, die heute meist aus gefirnißten Baumwollzwirnen gefertigt ist. Zu dieser älteren Litzenart sind die verschiedenen Ausführungen der Stahldrahtlitzen und neuerdings der Flachstahllitzen getreten, und zwar in einer Auswahl, die es schwer macht, den für ein bestimmtes Kettmaterial jeweils besonders günstigen Typ zu bestimmen.

Die Biegung der Kettfäden in den Weblitzen wird bei der Öffnung des Faches von der Fachgröße bestimmt, die weitgehend von den Schützenabmessungen abhängig ist und deshalb nicht wesentlich geändert werden kann. Demgegenüber kann die Kettfadenscheuerung durch die Richtung der Schaftaushebung beeinflußt werden. Durch geeignete Maßnahmen sind Verbesserungen möglich, um die Kettfadenbruchhäufigkeit zu verringern und die Gewebefestigkeit zu erhöhen.

Im Rahmen der Arbeiten über Verbesserungsmöglichkeiten an Leinenwebstühlen wurde die Aufgabe gestellt, die Einwirkung verschiedener Litzenarten auf Leinenkettfäden zu untersuchen und in Versuchen mit Leinengarnketten die am meisten geeigneten Ausführungsformen zu ermitteln, ferner anhand der Ergebnisse von Webversuchen die am besten geeignete Schafteinstellung bzw. -führung festzustellen.

Die Versuche sind in zwei gesonderte Arbeiten unterteilt:
A. Die Wirkung verschiedener Litzenarten und -formen bei der Verwebung von Leinengarnen.
B. Die Stellung der Webschäfte zur Kette.

## A. Die Wirkung verschiedener Litzenarten und -formen bei der Verwebung von Leinengarnen

Ursprünglich ging die Planung dahin, die Erprobung der Weblitzen unter Umgehung langwieriger und kostspieliger Webversuche mit zweckentsprechenden Vorrichtungen in kleinerem, dafür aber exakteren Rahmen vorzunehmen. Zu diesem Vorhaben trug auch der Gedanke bei, daß Versuche am Webstuhl infolge der zusätzlichen Kettfadenscheuerung durch Wächterlamellen und vor allen Dingen durch das Webriet den Einfluß der Fadenbeanspruchung durch die Weblitzen nicht für sich allein erkennen lassen.

Aus diesen Gründen entwickelte das TWB-Bastfaser ein besonderes Litzenprüfgerät, das die Prüfung der Litzen mit relativ geringem Aufwand und unter Ausschaltung anderweitig herrührender Fadenbeanspruchungen ermöglichte, und das im nächsten Abschnitt dieses Berichtes beschrieben ist. Dieses Gerät sollte den Prüfungen dienen, die eine Einengung und erste Auswahl des umfangreichen Materials zur Aufgabe hatten. Nur die dabei markant in Erscheinung tretenden Litzentypen waren für eine Überprüfung ihres Verhaltens auf dem Webstuhl vorgesehen.

__Forschungsberichte des Wirtschafts- und Verkehrsministeriums Nordrhein-Westfalen__

Es erwies sich jedoch, daß das Litzenprüfgerät wohl - wie vorgesehen - geeignet war, die Minderung der Kettfadenfestigkeit festzustellen, nicht aber gleichzeitig die Kettfadenbruchhäufigkeit auf dem Webstuhl zu reproduzieren. Dazu war schon die Anzahl der gleichzeitig im Einsatz befindlichen Fäden nicht groß genug. Deshalb mußten die ursprünglich nur zur Bestätigung der Prüfergebnisse in Aussicht genommenen Webversuche in weit größerer Zahl durchgeführt und zur Auswertung herangezogen werden als zunächst geplant.

In diesem Bericht sind die Ergebnisse sowohl der Untersuchungen auf dem Litzenprüfgerät als auch der praktischen Webversuche zusammengefaßt.

Die auf dem Prüfgerät behandelten Fäden wurden unter Berücksichtigung der aufgetretenen Fadenbrüche auf ihre Festigkeit im Vergleich zu unbehandeltem Garn untersucht. Die ermittelte Festigkeitsdifferenz ergab die Kennzeichnung für die Scheuerwirkung der untersuchten Litzenform. - Bei den auf dem Webstuhl vorgenommenen Versuchen waren die Häufigkeit der Kettfadenbrüche und der anderen von der Kette herrührenden Stillstände (Wirkungsgrad), die erhaltene Gewebefestigkeit, sowie der Festigkeitsverlust des verwebten Garns - letzterer aus dem Vergleich der aus dem Gewebe herauspräparierten Fäden mit dem geschlichteten Garn vor der Verwebung - die Beurteilungsmerkmale für die geprüfte Litze.
Sämtliche Garn- und Gewebeprüfungen erfolgten nach DIN 53 801.

## I. Untersuchungen auf dem Litzenprüfgerät

### 1. Beschreibung des Gerätes

Das in Abbildung 1 schematisch und in Abbildung 2 als Lichtbild dargestellte Litzenprüfgerät ahmt den Vorgang der Schaftbewegung und des Fachwechsels auf dem Webstuhl nach. Mittels eines Exzenters werden in einer bei der Außentrittvorrichtung ähnlichen Weise in Verbindung mit Zugfedern paarweise zusammengefaßte Schäfte über Gegenzugrollen in seitlichen Führungen bewegt. Die Schäfte sind derart gestaltet, daß sie eine leichte Auswechslung der Weblitzen gestatten.

Die Kettfäden werden mit einem ihrer Enden auf einer Aufwickelwalze befestigt, in die Schäfte eingezogen und - über eine Leitrolle geführt - an ihrem anderen Ende mit verschieden schweren Anhanggewichten belastet. Ein Schaltgetriebe ermöglicht es, der Garnaufwickelwalze einen Vorschub

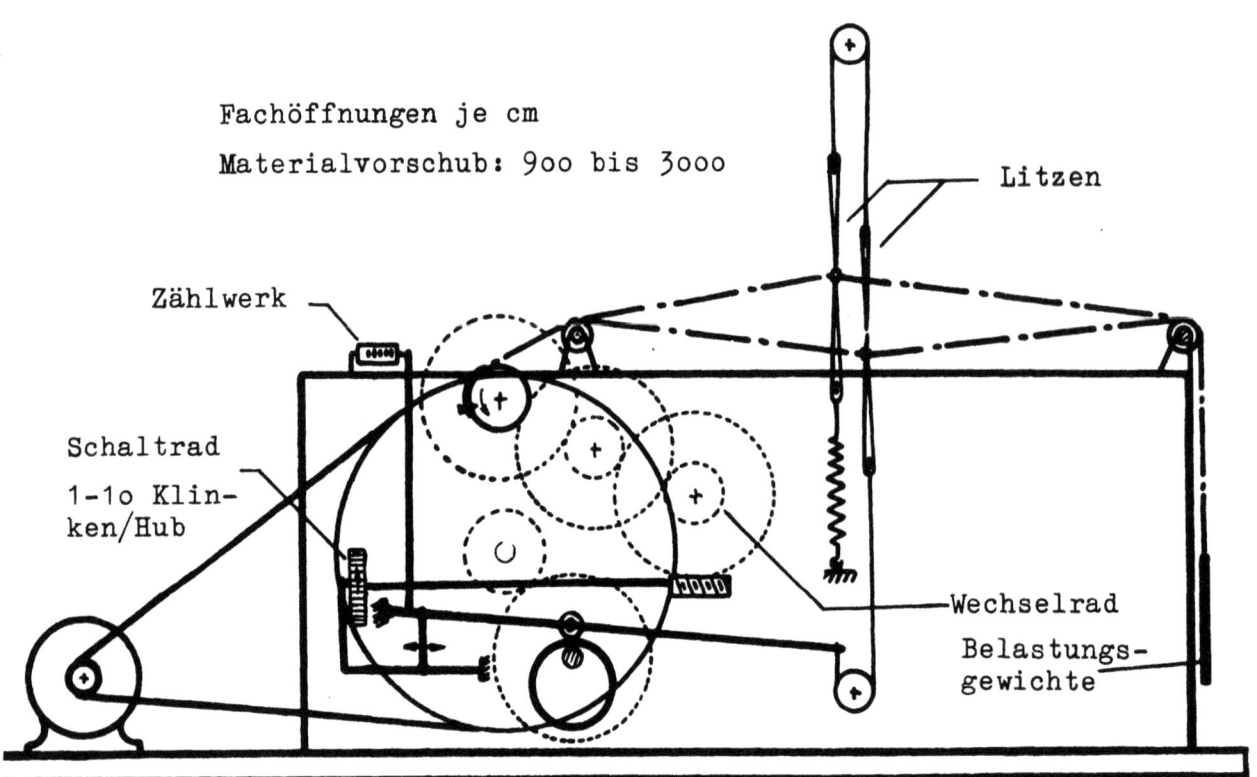

Abbildung 1
Litzenprüfapparat

zu geben, welcher derart verändert werden kann, daß auf 1 cm Fadenlänge 900 - 3.000 Fachöffnungen kommen. Ein angebautes Zählwerk zeigt die Zahl der jeweils stattgefundenen Fachwechsel und damit der Garnscheuerungen bzw. -biegungen an. Eine Führung der Fäden wird durch Einziehen in feststehende Riete erreicht, die derart beiderseits außen angeordnet sind, daß ihr Vorhandensein eine Auswirkung auf die Versuchsergebnisse nicht ausüben kann. Die für die Festigkeitsprüfung bestimmten Fadenstücke werden zwischen den beiden Rieten herausgeschnitten.

Zur Prüfung wurden je Versuch 100 Kettfäden bei einem Schafteinzug 1-3-2-4 (Leinwandbindung) herangezogen. Die Ausbildung der Rollen der Gegenzugvorrichtung läßt, wie im Webstuhl, einseitig ein reines Webfach entstehen. Die Schaftpaare machen somit verschieden große Hübe.

2. Kennlinien des Litzenprüfgerätes

Zum Studium der Wirkungsweise des Litzenprüfgerätes war es zunächst erforderlich, Kennlinien des Gerätes aufzunehmen, d.h. unter Verwendung

Abbildung 2
Litzenprüfgerät

einer bestimmten Litze (gewählt wurde eine Flachstahllitze mit langovalem Auge 1,5 x 6,0 mm) und eines einheitlichen Garns (Flachsgarn Nm 30, 1/2-gebleicht) den Einfluß verschiedener Fachwechselzahlen, Garnvorschübe und Fadenbelastungen auf Fadenbruchhäufigkeit und Garnfestigkeitsverluste in ihrer Größenordnung und - wie zu zeigen sein wird - auch Tendenz festzustellen.

Das vorstehend aufgeführte Flachsgarn wurde bei einem Vorschub von 1 cm auf 1000, 3000, 9000 und ∞ Fachwechsel (im letzteren Falle Vorschub=0) mit 10 und 30 g Fadenbelastung jeweils 1000, 5000 und 9000 Fachwechsel ausgesetzt.

In Tabelle 1 sind die bei diesen Prüfungen festgestellten Fadenbrüche eingetragen. Es wurden die Gesamtfadenbrüche angegeben, ohne eine besondere Aufteilung vorzunehmen, ob die Brüche bei der für die Erzielung des reinen Webfaches erforderlichen kleineren oder größeren Fachaushebung entstanden. Deutlich ist aber festzustellen, daß die Fadengruppe der

## Tabelle 1

### Fadenbrüche auf 1oo Fäden

| Vorschub (F.W./cm): | | 1.ooo | 3.ooo | 9.ooo | ∞ |
|---|---|---|---|---|---|
| Fachwechsel | 1.ooo | Fadenbelastung 1o g | | | |
| | | o | o | o | o |
| | 5.ooo | 1o | o | o | o |
| | 9.ooo | 35 | 23 | 4 | o |
| Fachwechsel | 1.ooo | Fadenbelastung 3o g | | | |
| | | o | o | o | o |
| | 5.ooo | 39 | 12 | 5 | 1 |
| | 9.ooo | 78 | 39 | 9 | 7 |

stärker aushebenden Schaftpartie von den Fadenbrüchen häufiger betroffen wurde. Gelegentlich vorkommende Fadenbrüche, die nicht von den Weblitzen verursacht wurden, wurden nicht mitgezählt.

Um die Versuchsergebnisse noch deutlicher zu veranschaulichen, wurden die Fadenbrüche in Abbildung 3 in Kurvenform wiedergegeben.

Die Zunahme der Fadenbrüche bei Steigerung der Fachwechselzahl ist eindrucksvoll erkennbar. Je höher die Fadenbelastung gewählt wird, desto mehr Fadenbrüche treten auf. Bei Verringerung des Garnvorschubes geht die Fadenbruchhäufigkeit zurück. Bei einem Garnvorschub = 0 (∞ Fachwechsel/cm) ist die niedrigste Fadenbruchzahl zu verzeichnen (vgl. Tab. 1 und Abb. 3), während sie bei dem größtangewandten Vorschub von nur 1.ooo Fachwechsel/cm am höchsten ist. Auf dieses zunächst überraschende Ergebnis wird bei der Besprechung der Festigkeitsprüfungen noch einzugehen sein.

Die in Abbildung 3 gezeigten Kennlinien müssen folgerichtig in den Koordinatennullpunkt einlaufen, doch ist die Fadenbruchhäufigkeit bei niedrigen Fachwechselzahlen und nur 1oo Fäden nicht mehr erfaßbar.

Eine Prüfung der Garne zum Vergleich ihrer Ausgangsfestigkeit und der Festigkeit an den gescheuerten Garnstellen läßt weitere aufschlußreiche Ergebnisse im Bezug auf die Garnscheuerung durch die Litzen zu.

**Forschungsberichte des Wirtschafts- und Verkehrsministeriums Nordrhein-Westfalen**

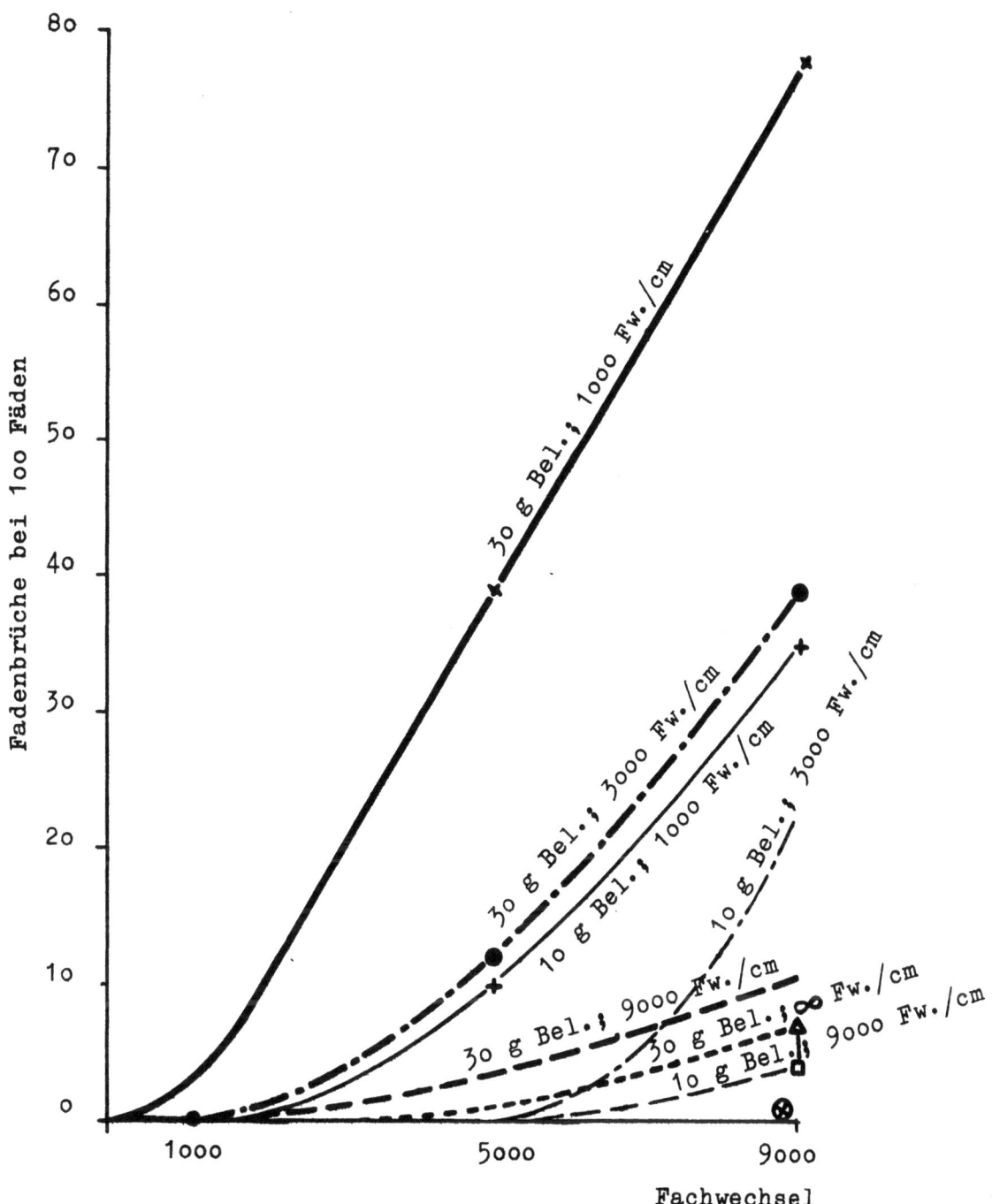

● Bei 1o g Bel.; ∞ Fw./cm: O Fadenbrüche

Abbildung 3
Fadenbrüche auf dem Litzenprüfgerät. Nm 3o, 1/2 weiß

Zur Ausschaltung von allgemeinen Festigkeitsschwankungen des zu prüfenden Garnes wurden jeweils abwechselnd ein Fadenstück (ca. 12o cm) für die Bestimmung der Ausgangsfestigkeit und das folgende Fadenstück etwa gleicher Länge für die Prüfung im Litzenprüfgerät mit anschließender Festigkeitsuntersuchung verwendet. Die Reißprüfungen fanden nach vorherigem vorschriftsmäßigem Aushängen der Garnproben im klimatisierten Raum statt. Damit die Gewißheit besteht, daß die untersuchten Fadenstücke allein von der Weblitze beansprucht wurden, war die Einspannlänge im Festigkeitsprüfer auf 200 mm reduziert worden. Reibungsbeanspruchungen der geprüften Fäden durch Umlenkrollen und Führungsriete konnten auf diese Weise ausgeschaltet werden. Eine Auswertung erfolgte derart, daß die Differenz zwischen der Garnausgangsfestigkeit und der infolge Behandlung im Litzenprüfgerät verminderten Festigkeit der gescheuerten Fäden ermittelt und der prozentuale Verlust, bezogen auf die Ausgangsfestigkeit, errechnet wurde. 60 Reißungen des ungescheuerten Garns standen 60 Reißungen von gescheuerten Fäden gegenüber. In einigen Fällen war es allerdings nicht möglich, von den 100 in das Litzengerät eingezogenen Kettfäden einer Probe 60 gescheuerte Fäden zu reißen, da die Fadenbruchzahl über 40 lag.

Bei der Reißfestigkeitsprüfung wurden die Fäden der verschieden hoch aushebenden Schaftgruppen jeweils für sich untersucht.

Es erschien notwendig, bei der Feststellung der prozentualen Festigkeitsabnahme der gescheuerten Fäden die Anzahl der beim Scheuern aufgetretenen Fadenbrüche insofern zu berücksichtigen, als diese in ihrer relativen Häufigkeit, bezogen auf die Zahl der erhalten gebliebenen Fäden, als Reißergebnisse mit den Werten 0 einzusetzen sind. Dies wird in einem nachstehenden Beispiel erläutert.

Beispiel

In der weit aushebenden Schaftgruppe A wurden 21, in der anderen Schaftgruppe B 6 Fadenbrüche ermittelt. Aus der Schaftgruppe A standen somit nur 29 Fäden, aus der Gruppe B die erforderlichen 30 Fäden für die Festigkeitsuntersuchung zur Verfügung. Die Summe der Reißfestigkeiten sei folgende:

```
Ausgangsgarn            : 60 Reißungen = 49.080 g
Garn der Schaftgruppe A : 29 Reißungen = 12.140 g
Garn der Schaftgruppe B : 30 Reißungen = 15.570 g
```

21 Fadenbrüche in der Schaftgruppe A entsprechen 72,5 % der erhalten gebliebenen 29 Fäden.

6 Fadenbrüche in der Schaftgruppe B entsprechen 13,6 % der erhalten gebliebenen 44 Fäden.

Für die Mittelwertbildung der Reißfestigkeit der gescheuerten Fäden sind demnach nicht 29 und 30 Reißungen einzusetzen, sondern:

Für die Schaftgruppe A = 29 + 72,5 % = 29 · 1,725 = 50 Reißungen
" " " B = 30 + 13,6 % = 30 · 1,136 = 34 Reißungen

Als mittlere Festigkeit ergeben sich somit folgende Werte:

Ausgangsgarn : 49.080 : 60 = 818 g
Garn der Schaftgruppe A : 12.140 : 50 = 243 g
Garn der Schaftgruppe B : 15.570 : 34 = 457 g

<u>Mittlere Festigkeit</u> der Fäden aus den Schaftgruppen A und B:

$$+ \frac{243}{457}$$
$$700 : 2 = \underline{350 \text{ g}}$$

<u>Festigkeitsverlust in %</u>

Festigkeit vor der Scheuerung 818 g
" nach " " 350 g
468 g Unterschied

$$\frac{468 \times 100}{818} = \underline{57,2 \%}$$

Für die zur Aufnahme der Kennlinien des Litzenprüfgerätes durchgeführten Versuche ergaben sich - gemäß vorstehendem Beispiel errechnet - die in Tabelle 2 eingetragenen prozentualen Festigkeitsverluste.

<u>T a b e l l e   2</u>

<u>Garnfestigkeitsverlust in % der Ausgangsfestigkeit</u>

| Vorschub (F.W./cm): | | 1.000 | 3.000 | 9.000 | ∞ |
|---|---|---|---|---|---|
| | | F a d e n b e l a s t u n g  10 g | | | |
| Fachwechsel | 1.000 | 6,5 | 1,4 | 8,6 | 1,5 |
| | 5.000 | 46,4 | 36,9 | 27,1 | 12,4 |
| | 9.000 | 55,0 | 57,3 | 39,0 | 17,4 |
| | | F a d e n b e l a s t u n g  30 g | | | |
| Fachwechsel | 1.000 | 17,3 | 18,1 | 9,1 | 2,3 |
| | 5.000 | 54,9 | 45,7 | 28,3 | 17,3 |
| | 9.000 | 88,5 | 67,3 | 47,4 | 27,6 |

Auch hinsichtlich der Festigkeitswerte stellte sich deutlich heraus, daß die Fäden der verschieden hoch aushebenden Schäfte unterschiedlich in Mitleidenschaft gezogen werden, wobei die in die höher aushebenden Schäfte eingezogenen Fäden stärkere Festigkeitsverluste aufwiesen. Die beiden Fadengruppen wurden, wie auch im Rechnungsbeispiel gezeigt, getrennt erfaßt. In der Tabelle ist nur der Mittelwert angegeben.

Werden die prozentualen Festigkeitsabnahmen nach Tabelle 2, welche die Fadenbruchhäufigkeiten mit berücksichtigen, über den Fachwechselzahlen in einem Diagramm aufgetragen, so entstehen parabelförmige Kurvenscharen (Abb. 4), welche die Größenordnung ersehen lassen, in der mit zunehmender Zahl der Fachwechsel der Festigkeitsverlust größer wird. In ihrer Tendenz liegen die gefundenen Meßpunkte ähnlich wie in Abbildung 3 für Fadenbruchzahlen. Wie zu erwarten gewesen, sind wieder deutliche Unterschiede bei veränderlicher Fadenbelastung feststellbar.

Ähnlich wie in Abbildung 3 die Fadenbrüche ansteigen, nimmt bei Vergrößerung des Vorschubes der Festigkeitsverlust zu. Wiederum sind, bezogen auf die gleiche Zahl Fachwechsel, also Scheuerungen, bei gleichbleibender Fadenbelastung die Festigkeitsverluste bei dem Vorschub = 0 ($\infty$ F.W./cm) am kleinsten, bei dem größten Vorschub (1.000 F.W./cm) im allgemeinen am höchsten.

Die Erklärung für dieses letztere, zunächst überraschende Ergebnis zu geben, fällt nicht leicht. Die Fäden erleiden bei jedem Fachwechsel eine Knick- und trotz einer mehr oder minder vorhandenen Nachgiebigkeit der Litzen eine Scheuerbeanspruchung. Es widerspricht der Erwartung, daß eine bestimmte Anzahl Fachwechsel bei vorhandenem Fadenvorschub, also bei einer Verteilung der Beanspruchung auf eine gewisse Fadenstrecke, eine stärkere Garnschädigung verursacht als ohne Vorschub, d.h. wenn die Fäden an unverändert gleicher Stelle die Gesamtzahl der Knickscheuerungen erleiden. Tatsächlich sind aber die dahingehenden Feststellungen völlig eindeutig. Offenbar tritt bei größer werdendem Fadenvorschub noch eine zusätzliche Scheuerung der Fäden in den Litzen auf, und zwar in einer Größenordnung, die entscheidenden Einfluß auf die Höhe der Festigkeitsverluste hat.

Wird dieser Gedankengang weiter verfolgt, so hat es zunächst den Anschein, als ob bei sehr wenigen Fachwechseln/cm, also einer Größenordnung des

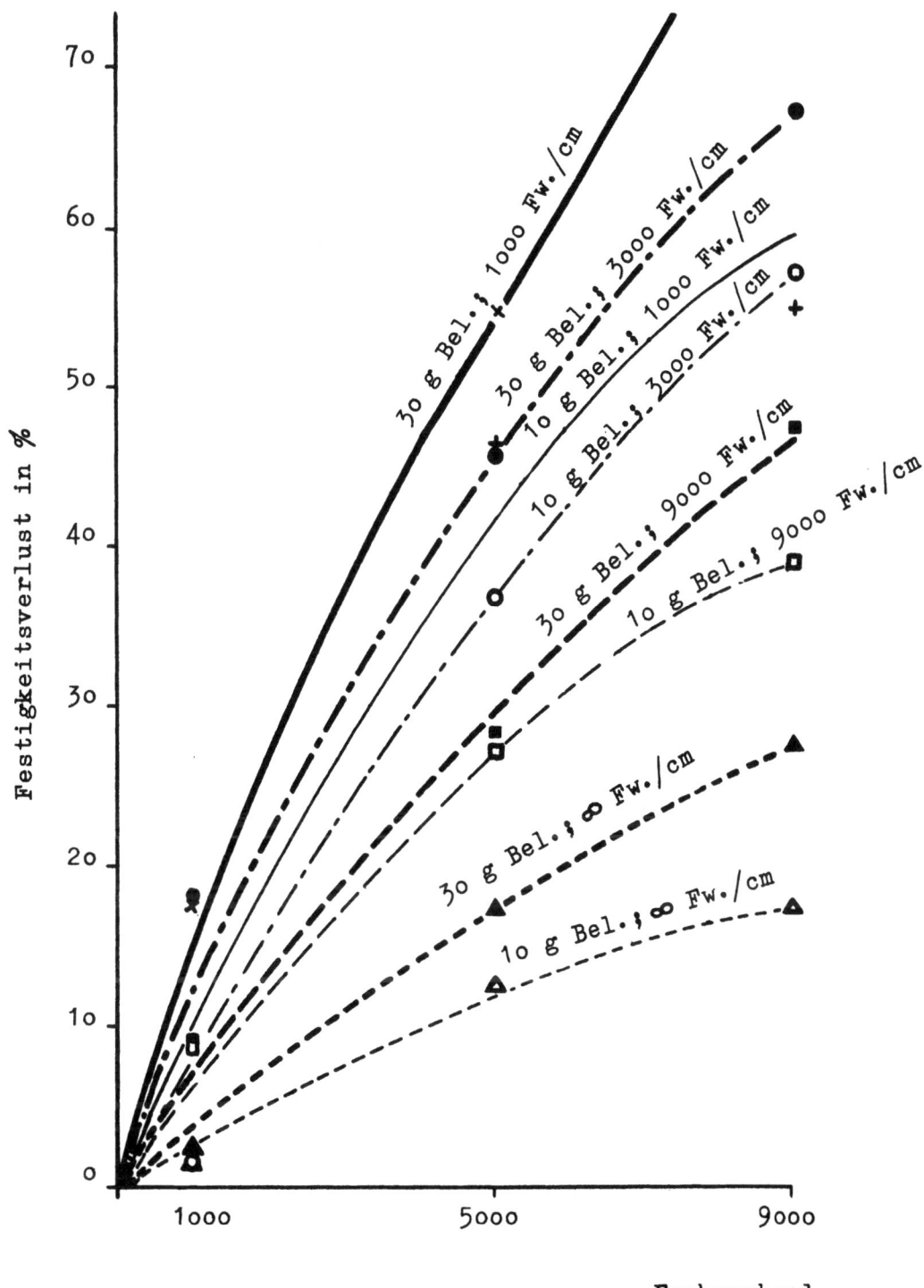

Abbildung 4
Garnfestigkeitsverluste auf dem Litzenprüfgerät. Nm 3o, ½ weiß

Vorschubes, wie er auf dem Webstuhl tatsächlich vorkommt, sehr hoher Festigkeitsverlust eintritt.

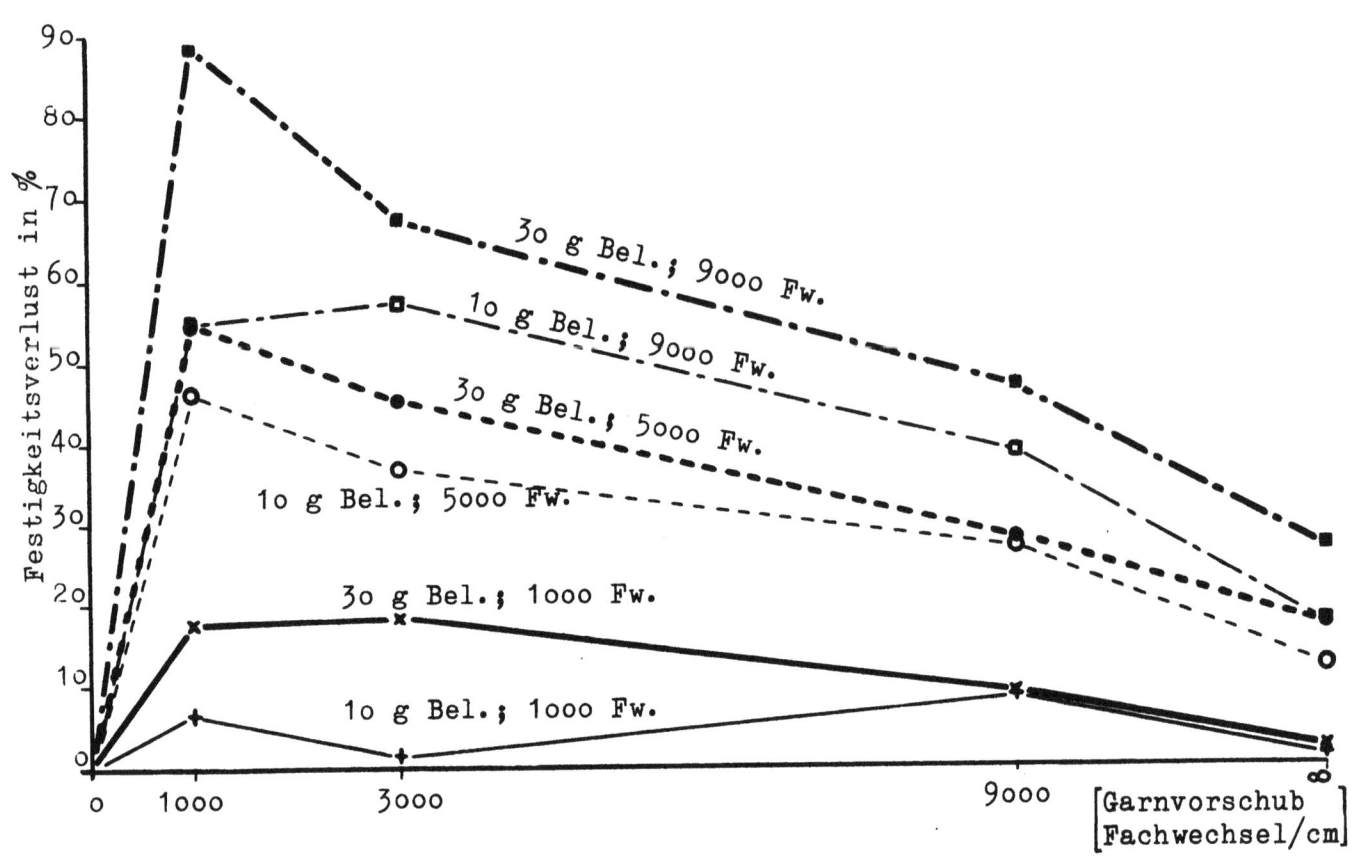

Abbildung 5
Garnfestigkeitsverluste auf dem Litzenprüfgerät. Nm 30, 1/2 weiß

Das widerspricht nun den Verhältnissen beim normalen Webprozeß, so daß der Schluß zu ziehen ist, daß der Festigkeitsverlust in Richtung abnehmender Fachwechselzahlen je cm ansteigend ein Maximum erreicht, von dem ab er wieder abnimmt, so daß bei einer im Webstuhl auftretenden Fachwechselzahl von 1o - 5o/cm (je nach Garnfeinheit) die Scheuer- und Biegebeanspruchung und damit Fadenbrüche und Festigkeitsverluste in den in der Praxis üblichen Grenzen bleiben. Dieser Schluß ist insofern gerechtfertigt, als sich in Abbildung 5, in der die Festigkeitsverluste in Abhängigkeit von dem Vorschub (Fachwechsel je cm) aufgetragen sind, sich in einigen Fällen bereits ein Maximum abzuzeichnen scheint, dort, wo der Festigkeitsverlust bei 1.000 Fachwechseln/cm bereits niedriger liegt als bei 3.000. Schließlich ist auch einzusehen, daß bei 0 Fachwechseln je cm auch die Fadenbeanspruchung aufhört, also zu 0 wird.

Ein Vergleich der Abbildung 3 (Fadenbrüche) und 4 (Festigkeitsverluste mit Berücksichtigung der Fadenbrüche) zeigt, daß eine Auswertung nach den Festigkeitswerten ein klareres Bild ergibt. Es wurde daher beim späteren Vergleich der einzelnen Litzensorten der Ermittlung der Festigkeitsabnahme der Vorzug gegeben.

Die in diesem Abschnitt beschriebenen Abhängigkeiten der Garnbeanspruchung in Abhängigkeit von der Anzahl der Scheuerungen durch den Fachwechsel, von dem Vorschub - ausgedrückt durch die auf 1 cm Fadenlänge entfallende Anzahl der Fachwechsel - und von der Belastung (Spannung) der Fäden dienten an sich nur dem Studium des für die Untersuchung der verschiedenen Weblitzen entwickelten Prüfgerätes. Sie sind vorstehend in einer gewissen Ausführlichkeit wiedergegeben worden, weil sie auch von grundsätzlichem Interesse für das behandelte Problem sind, und vor allem auch die Größenordnung wiedergeben, in welcher sich die erwähnten Abhängigkeiten bewegen, wenngleich es sich auch, was Vorschub und Fachwechsel anbetrifft, um Verhältnisse handelt, die im Vergleich zur praktischen Arbeit auf dem Webstuhl übersteigert sind.

### 3. Garne und Fadendichten

Für die Prüfung der Litzen auf dem beschriebenen Gerät wurden folgende Flachs- und Flachswerggarne verwendet:

a) Flachsgarn Nm 30,   ½-gebleicht,
b) Flachsgarn Nm 18,   ½-gebleicht,
c) Flachswerggarn Nm 12,   ½-gebleicht.

Die zu einer Prüfung herangezogenen 100 Kettfäden wurden bei in allen Fällen gleichbleibender relativer Dichte der scheuernden Wirkung der Litzensorten ausgesetzt. Eine einheitliche relative Dichte bürgt für gleiche Reibung der Fäden untereinander. Die Einhaltung der Fadendichte wurde mittels der bereits genannten feststehenden Webriete und einer einstellbaren Litzenanordnung innerhalb der Schäfte vorgenommen. Als relative Dichte (Fadenzahl je cm geteilt durch Quadratwurzel aus metr. Garnnummer) wurde 5,0 gewählt, so daß für die unter 3 angegebenen Garnnummern folgende Einstellungen in Betracht kamen:

$$Nm\ 30 = 27{,}4\ Fd/cm$$
$$Nm\ 18 = 21{,}2\ Fd/cm$$
$$Nm\ 12 = 17{,}3\ Fd/cm$$

Bei einem 2-fädigen Rieteinzug sind nachstehende Webblätter benutzt worden:

$$Nm\ 30 = 138er$$
$$Nm\ 18 = 105er$$
$$Nm\ 12 = 86er$$

## 4. Weblitzen

Die zur Prüfung herangezogenen Weblitzen sind mit ihren Abmessungen in Tabelle 3 aufgeführt. Insgesamt sind 3 große Gruppen zu unterscheiden: Stahldrahtlitzen, Flachstahllitzen und Zwirnlitzen.

Die Länge aller geprüften Litzen betrug 280 mm.

Die <u>Stahldrahtlitzen</u> waren in der Art ihrer Augen unterschiedlich. Neben der Ausführung mit eingesetztem Stahlmaillon (eingesetztes Auge) waren auch Litzen vertreten, deren Auge aus den beiden Litzendrähten selbst gebildet war (einfaches, gedrehtes Auge). In der Tabelle 3 sind diese Augen mit "einges." bzw. mit "einfach" bezeichnet. Die Form der Augen war elliptisch oder länglich.

Die <u>Flachstahllitzen</u> unterschieden sich ebenfalls durch die Augenform, die langoval oder rechteckig war. Ein wesentliches Merkmal der im Materialquerschnitt stärkeren Flachstahlweblitzen ist ihre größere Haltbarkeit und Lebensdauer gegenüber den Stahldrahtlitzen.

Die weiterhin aufgeführten <u>Zwirnlitzen</u> waren aus gefirnißtem Baumwollzwirn gefertigt. Sie werden von vielen leinenverarbeitenden Betrieben den Stahllitzen vorgezogen, weil ihnen gewisse Vorteile beim Verweben feinerer Garnnummern zugesprochen werden. Ihr Einsatz bei den Untersuchungen erfolgte, wie in der Praxis meist üblich, in Form zusammenhängender Geschirre, bei denen die Enden der einzelnen Litzen unter Einhaltung eines der gewünschten Fadendichte entsprechenden Abstandes aneinander gestrickt sind. Dichteänderungen sind in gewissem Maß nur durch Freilassen von Litzen beim Einziehen zu erreichen, während dies bei Stahlgeschirren durch Wegnahme oder Hinzufügen von Litzen herbeizuführen ist. – Die Augen der Zwirnlitzen waren entweder aus dem Zwirn selbst geknüpft oder als elliptische Metallaugen eingesetzt. – Der Hauptnachteil der Baumwollitzen ist ihre geringe Haltbarkeit und die erforderliche große Lagerhaltung gestrickter Geschirre, wenn verschiedene Webdichten infrage kommen.

## Tabelle 3

### Zur Prüfung eingesetzte Litzen

| Litzenart und Bezeichnung | | Länge mm | Stärke mm | Endösenmaße mm | Augenmaße mm | Augenform | Garn Nm |
|---|---|---|---|---|---|---|---|
| Stahldraht verzinnt | 1. | 280 | o,3 x o,6 | 4,5 x 15,o | 1,3 x 3,2 | ellipt. einges. | 30 |
| | 2. | 280 | o,3 x o,6 | 4,5 x 15,o | 1,2 x 4,o | langoval einges. | |
| | 3. | 280 | o,3 x o,5 | 4,o x 15,o | 1,2 x 4,2 | ellipt. einfach | |
| | 4. | 280 | o,3 x o,5 | 4,o x 15,o | 1,3 x 4,8 | ellipt. einfach | |
| Flachstahl | 5. | 280 | o,4 x 2,o | 2,5 x 15,o | 1,2 x 5,5 | langoval | |
| | 6. | 280 | o,5 x 2,4 | 3,o x 16,o | 1,5 x 6,o | langoval | |
| | 7. | 280 | o,3 x 2,3 | 3,o x 16,o | 1,2 x 5,o | rechteckig | |
| Zwirn neu | 8. | 280 | o,7 x 1,4 | --- | o,7 x 8,3 | langoval (Zwirn) | |
| | 9. | 280 | o,7 x 1,4 | --- | 1,9 x 5,8 | ellipt. (Metall) | |
| Zwirn alt | 1o. | 280 | o,6 x 1,2 | --- | o,6 x 9,1 | langoval (Zwirn) | |
| Stahldraht verzinnt | 11. | 280 | o,3 x o,8 | 4,o x 15,o | 1,5 x 4,o | ellipt. einges. | 18 |
| | 12. | 280 | o,3 x o,8 | 4,o x 15,o | 1,2 x 5,5 | langoval einges. | |
| Flachstahl | 13. | 280 | o,5 x 2,4 | 3,o x 16,o | 1,5 x 6,o | langoval | |
| | 14. | 280 | o,3 x 2,4 | 3,o x 16,o | 1,4 x 5,5 | rechteckig | |
| Stahldraht verzinnt | 15. | 280 | o,5 x o,9 | 4,o x 15,o | 2,3 x 5,2 | ellipt. einges. | 12 |
| | 16. | 280 | o,4 x o,8 | 4,o x 15,o | 1,5 x 6,o | langoval einges. | |
| | 17. | 280 | o,3 x o,7 | 5,o x 15,o | 1,5 x 6,1 | ellipt. einfach | |
| | 18. | 280 | o,4 x o,8 | 5,o x 15,o | 1,8 x 6,5 | ellipt. einfach | |
| Flachstahl | 19. | 280 | o,5 x 2,6 | 3,5 x 16,o | 1,8 x 6,5 | langoval | |
| | 2o. | 280 | o,4 x 2,7 | 3,o x 16,o | 1,8 x 6,5 | rechteckig | |
| Zwirn alt | 21. | 280 | o,6 x 1,2 | --- | o,6 x 9,1 | langoval (Zwirn) | |

## 5. Litzenprüfung und ihre Ergebnisse

Nachdem die gemäß Abschnitt 2 aufgenommenen Schaulinien die Wirkung des Litzenprüfgerätes erkennen ließen, wurden hiernach und nach den Ergebnissen einiger Vorprüfungen für die verschiedenen Garne die günstigsten Prüfbedingungen ermittelt. Entsprechend der Empfindlichkeit wurden Fadenbelastungen, Vorschub und eine mehrfach variierte Zahl der Fachwechsel festgelegt:

Flachsgarn Nm 30, 1/2-gebleicht

    Fadenbelastung : 10 g
    Garnvorschub   : 9.000 Fachöffnungen/cm
    Fachwechsel     : 1.000, 5.000 und 9.000

Flachsgarn Nm 18, 1/2-gebleicht

    Fadenbelastung : 20 g
    Garnvorschub   : 1.000 Fachöffnungen/cm
    Fachwechsel     : 5.000, 9.000 und 13.000

Flachswerggarn Nm 12, 1/2-gebleicht

    Fadenbelastung : 30 g
    Garnvorschub   : 1.000 Fachöffnungen/cm
    Fachwechsel     : 5.000, 9.000, 13.000 und 17.000

Tabelle 4 - 6 und Abbildung 6 - 8 geben die unter Berücksichtigung der aufgetretenen Fadenbrüche festgestellten Festigkeitsverluste der geprüften Garne für die einzelnen Litzen, im Schaubild aufgetragen über der Anzahl der Scheuerungen (Fachwechsel), wieder. Es ist ersichtlich, in welch außerordentlich unterschiedlicher Weise sich der Einfluß der verschiedenen Litzen auf die Schädigung des Garnes auswirkt und wie wesentlich von diesem Gesichtspunkt aus eine zweckmäßige Ausführungsform der Litzen ist.

### Tabelle 4

| Litzenart und Nr. | Fachwechsel | Fadenbrüche und Garnfestigkeitsverluste bei Garn Nm 30, 1/2-weiß | |
|---|---|---|---|
| | | Fadenbrüche | Verluste % |
| 1. Stahldraht | 1.000 | 0 | 1,6 |
| | 5.000 | 0 | 5,9 |
| | 9.000 | 0 | 11,2 |

Tabelle 4 (Fortsetzung)

| Litzenart und Nr. | Fachwechsel | Fadenbrüche und Garnfestigkeitsverluste bei Garn Nm 30, ½-weiß | |
|---|---|---|---|
| | | Fadenbrüche | Verluste % |
| 2. Stahldraht | 1.000 | - | - |
| | 5.000 | o | 10,8 |
| | 9.000 | o | 20,4 |
| 3. Stahldraht | 1.000 | o | 1,2 |
| | 5.000 | o | 12,5 |
| | 9.000 | o | 7,9 |
| 4. Stahldraht | 1.000 | o | 1,4 |
| | 5.000 | o | 9,5 |
| | 9.000 | o | 12,2 |
| 5. Flachstahl | 1.000 | o | 10,6 |
| | 5.000 | 3 | 22,6 |
| | 9.000 | 11 | 45,6 |
| 6. Flachstahl | 1.000 | o | 7,9 |
| | 5.000 | o | 26,2 |
| | 9.000 | 6 | 46,1 |
| 7. Flachstahl | 1.000 | o | 4,1 |
| | 5.000 | o | 17,0 |
| | 9.000 | 4 | 36,9 |
| 8. Zwirn | 1.000 | 8 | 24,4 |
| | 5.000 | 19 | 53,9 |
| | 9.000 | 41 | 72,2 |
| 9. Zwirn | 1.000 | 2 | 13,8 |
| | 5.000 | 17 | 38,8 |
| | 9.000 | 15 | 43,7 |

Tabelle 4 (Fortsetzung)

| Litzenart und Nr. | Fachwechsel | Fadenbrüche und Garnfestigkeitsverluste bei Garn Nm 3o, 1/2-weiß | |
|---|---|---|---|
| | | Fadenbrüche | Verluste % |
| 1o. Zwirn | 1.000 | o | 5,2 |
| | 5.000 | 5 | 2o,4 |
| | 9.000 | 8 | 26,6 |

Tabelle 5

| Litzenart und Nr. | Fachwechsel | Fadenbrüche und Garnfestigkeitsverluste bei Garn Nm 18, 1/2-weiß | |
|---|---|---|---|
| | | Fadenbrüche | Verluste % |
| 11. Stahldraht | 5.000 | o | 6,6 |
| | 9.000 | o | 6,9 |
| | 13.000 | o | 1o,1 |
| 12. Stahldraht | 5.000 | o | 12,9 |
| | 9.000 | o | 8,8 |
| | 13.000 | o | 17,5 |
| 13. Flachstahl | 5.000 | 1 | 14,1 |
| | 9.000 | o | 12,6 |
| | 13.000 | 3 | 15,7 |
| 14. Flachstahl | 5.000 | o | 13,6 |
| | 9.000 | o | 1o,8 |
| | 13.000 | o | 17,0 |

## Tabelle 6

| Litzenart und Nr. | Fachwechsel | Fadenbrüche und Garnfestigkeitsverluste bei Garn Nm 12, 1/2-weiß | |
|---|---|---|---|
| | | Fadenbrüche | Verluste % |
| 15. Stahldraht | 5.000 | o | 12,3 |
| | 9.000 | o | 18,3 |
| | 13.000 | o | 19,2 |
| | 17.000 | o | 22,5 |
| 16. Stahldraht | 5.000 | o | 1o,o |
| | 9.000 | o | 15,9 |
| | 13.000 | o | 13,9 |
| | 17.000 | o | 17,2 |
| 17. Stahldraht | 5.000 | o | 6,3 |
| | 9.000 | o | 9,1 |
| | 13.000 | 15 | 25,o |
| | 17.000 | 4 | 31,4 |
| 18. Stahldraht | 5.000 | o | 9,4 |
| | 9.000 | o | 16,9 |
| | 13.000 | 2 | 22,2 |
| | 17.000 | o | 33,2 |
| 19. Flachstahl | 5.000 | 2 | 3o,9 |
| | 9.000 | 2 | 43,1 |
| | 13.000 | 2 | 32,3 |
| | 17.000 | o | 35,6 |
| 2o. Flachstahl | 5.000 | o | 7,7 |
| | 9.000 | o | 21,2 |
| | 13.000 | 1 | 22,6 |
| | 17.000 | o | 23,9 |

Tabelle 6 (Fortsetzung)

| Litzenart und Nr. | Fachwechsel | Fadenbrüche und Garnfestigkeitsverluste bei Garn Nm 12, Fadenbrüche | 1/2-weiß Verluste % |
|---|---|---|---|
| 21. Zwirn | 5.000 | 2 | 19,5 |
| | 9.000 | o | 18,5 |
| | 13.000 | 3 | 30,9 |
| | 17.000 | o | 27,6 |

Die folgende Aufstellung soll unter Inanspruchnahme der Numerierung in Tabelle 3 die Einstufung der Litzenausführungen je nach festgestelltem Festigkeitsverlust kennzeichnen, wobei die erstgenannten Litzen den geringsten, die letztgenannten den größten Verlust an Garnfestigkeit verursacht hatten.

Flachsgarn Nm 30

1 (Stahldraht) - 3 (Stahldraht) - 4 (Stahldraht) - 2 (Stahldraht) - 1o (Zwirn alt) - 7 (Flachstahl) - 5 (Flachstahl) - 6 (Flachstahl) - 9 (Zwirn neu) - 8 (Zwirn neu).

Flachsgarn Nm 18

11 (Stahldraht) - 12 (Stahldraht) - 14 (Flachstahl) - 13 (Flachstahl).

Flachswerggarn Nm 12

16 (Stahldraht) - 17 (Stahldraht) - 15 (Stahldraht) - 2o (Flachstahl) - 18 (Stahldraht) - 21 (Zwirn alt) - 19 (Flachstahl).

Hinsichtlich der Abmessungen bzw. der Augenausführung vorstehend angeführter Litzen sei nochmals auf die Tabelle 3 verwiesen.

Bei allen geprüften Garnen wirkten sich die Stahldrahtlitzen eindeutig günstiger aus als die Flachstahllitzen und die Zwirnlitzen. Naheliegend ist, als Erklärung für dieses bessere Verhalten die größere Elastizität der erstgenannten Litzen anzuführen. Nennenswerte Unterschiede, hervorgerufen durch die Ausbildung des Fadenauges bei den Stahldrahtlitzen, treten in den Ergebnissen nicht hervor.

<u>Forschungsberichte des Wirtschafts- und Verkehrsministeriums Nordrhein-Westfalen</u>

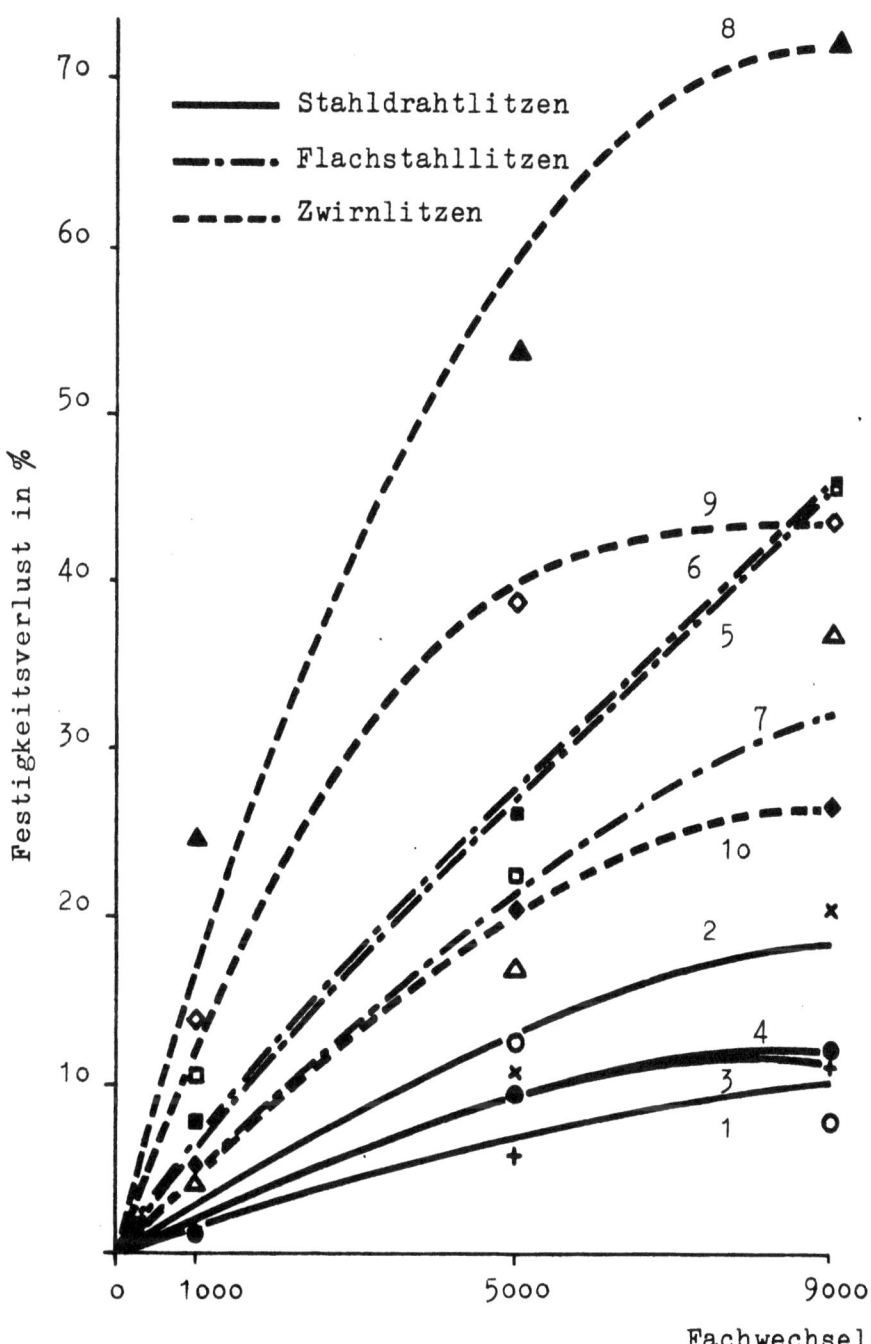

Belastung: 1o g
Fachwechsel/cm : 9ooo

Abbildung 6

Garnfestigkeitsverluste auf dem Litzenprüfgerät. Nm 3o, 1/2-weiß

Deutlich schlechter hinsichtlich der Beanspruchung der Garne schneiden die Flachstahllitzen ab. Unter diesen hatten die Ausführungen mit rechteckigem Fadenauge die relativ besten Ergebnisse, auch hier offenbar

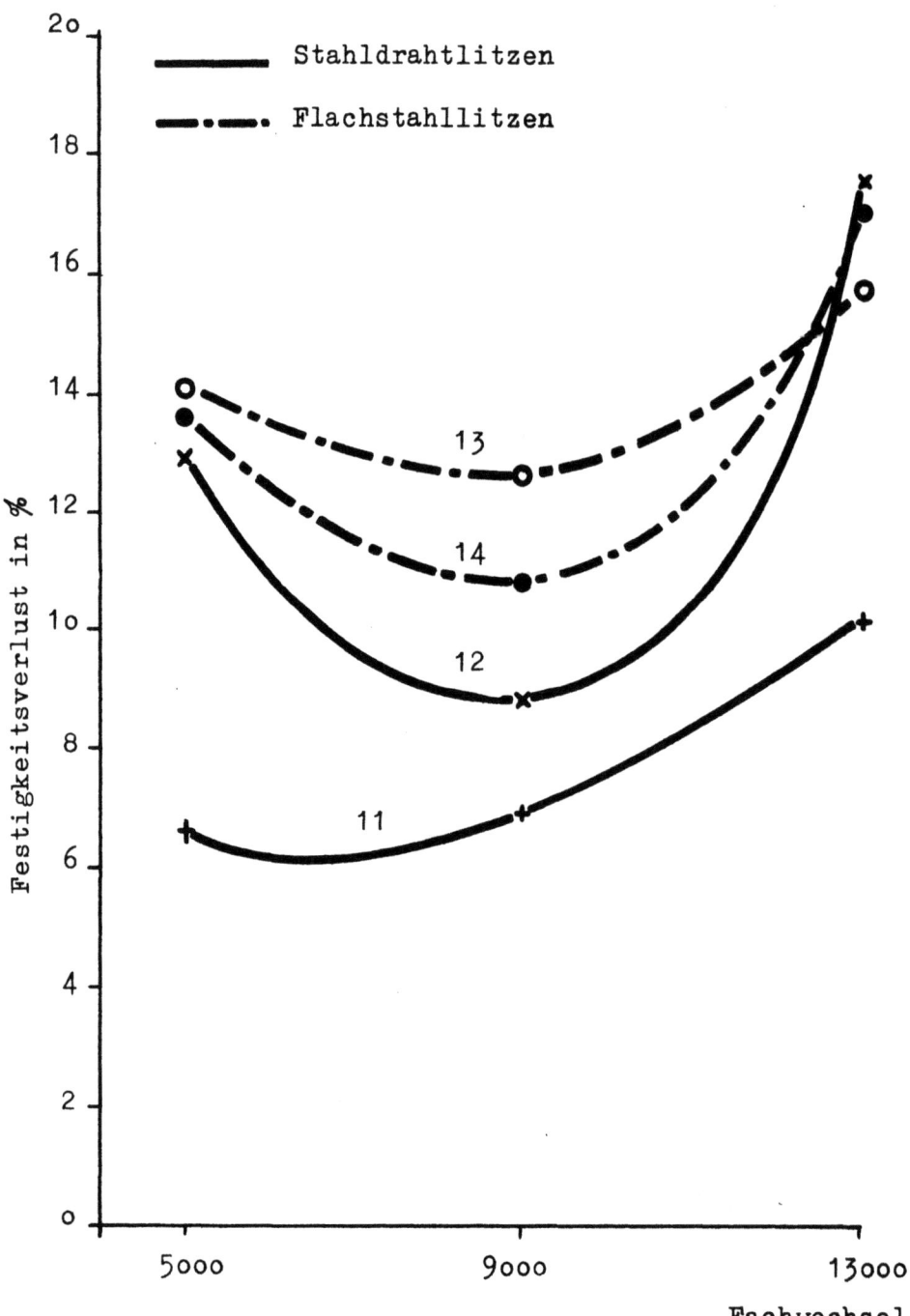

Belastung : 20 g
Fachwechsel/cm : 1000

Abbildung 7
Garnfestigkeitsverluste auf dem Litzenprüfgerät. Nm 18, 1/2-weiß

zurückführbar auf eine, im Verhältnis gesehen, größere Biegsamkeit der bei den Versuchen verwendeten Litzen dieser Form.
Die Zwirnlitzen hatten einen unterschiedlichen, jedoch gegenüber den

Forschungsberichte des Wirtschafts- und Verkehrsministeriums Nordrhein-Westfalen

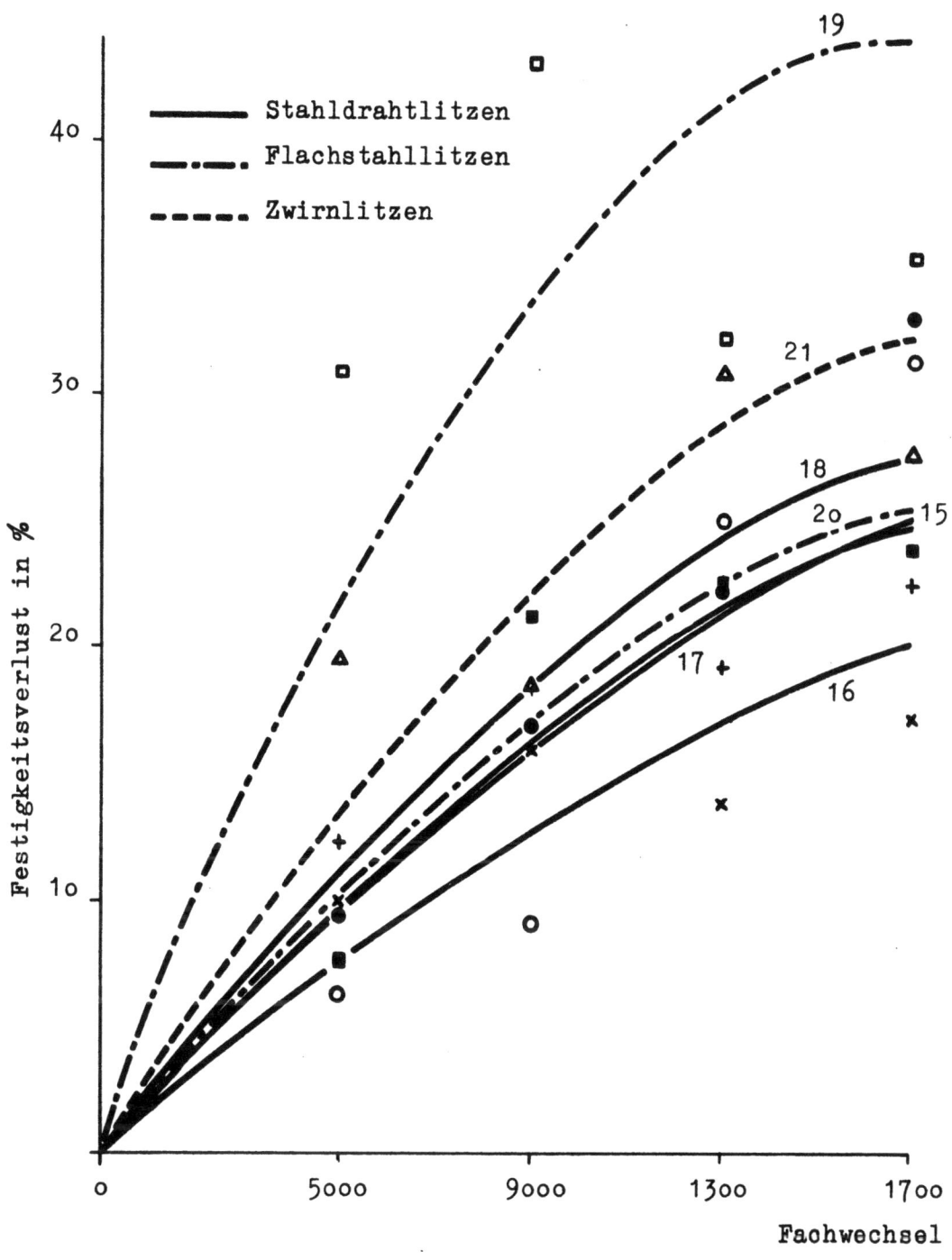

Belastung : 30 g
Fachwechsel/cm : 1000

Abbildung 8

Garnfestigkeitsverluste auf dem Litzenprüfgerät. Nm 12, 1/2-weiß

Stahldrahtlitzen eindeutig ungünstigeren Einfluß auf die Fadenfestigkeiten. Neue, wenn auch vor Beginn der Prüfung eine gewisse Zeit im Betrieb gewesene Litzen verhalten sich sehr ungünstig. Ihr Einsatz hatte noch höhere Garnfestigkeitsverluste zur Folge, als sie bei den Flachstahllitzen festgestellt wurden. Demgegenüber nahmen alte Zwirnlitzen, die uns für die Versuche von einem befreundeten Webereibetrieb überlassen wurden, eine nicht genau zu definierende Mittelstellung ein, wie sie aus der vorgenannten Aufstellung zu ersehen ist.

Während alle Stahldraht- und Flachstahllitzen unter völlig gleichbleibenden Verhältnissen auf dem Gerät geprüft wurden, in dem sie in seitlich geführten Schaftrahmen eingesetzt waren und somit die Größe der auf den Schaftrahmen wirkenden Federspannung auf die Litzen selbst ausgeschaltet war, war letzteres bei Zwirnlitzen entsprechend ihrer Aufhängung ohne geschlossene Schaftrahmen nicht möglich. Nun hat die Litzenspannung, wie durch Vergleichsversuche festgestellt werden konnte, einen sehr ausgeprägten Einfluß auf die Höhe des Garnfestigkeitsverlustes. Es mußte und wurde deshalb bei der Prüfung der Zwirnlitzen besonders darauf geachtet, daß die Feder- bzw. Litzenspannung so gering wie möglich war und zwar gerade so hoch eingestellt wurde, daß eine einwandfreie Schaftbewegung gewährleistet war.

Interessant ist, außerhalb des unmittelbaren Zieles der durchgeführten Versuche festzustellen, daß die verschiedenen Garne hinsichtlich der Höhe des durch die Einwirkung der Litzen entstehenden Scheuereffektes unterschiedlich reagieren. Das Flachsgarn Nm 18 erwies sich unempfindlicher, als das Flachsgarn Nm 30 bzw. das Werggarn Nm 12. Unmittelbar vergleichbar sind die prozentualen Festigkeitsverluste allerdings mit Rücksicht auf die verschiedenen Fadenbelastungen nicht. Wird aber über diesen Einwand hinweggegangen, mit dem Hinweis auf die gleichsinnige Verschiedenheit der Garnstärken, so bleibt zunächst auch nur der Vergleich der Garne Nm 18 und Nm 12, da in diesen beiden Fällen bei den Versuchen mit gleich großem Garnvorschub gearbeitet worden war. Die Gegenüberstellung der Festigkeitsverluste bei gleichen Litzentypen (z.B. 11 und 15, 12 und 16 bzw. 13 und 19, 14 und 20) und gleichen Scheuerungen (5.000 bzw. 9.000 Fachwechsel) zeigt, abgesehen von Ausreißern, daß die Verluste bei Werggarn Nm 12 teilweise schon in der Größenordnung höher liegen als bei dem Flachsgarn Nm 18. Nur indirekt ist der Vergleich der beiden Flachsgarne Nm 30 und Nm 18 möglich, da bei dem erstgenannten Garn mit einem größeren Garnvorschub gearbeitet wurde, der erfahrungsgemäß günstigere Ergebnisse erwarten läßt. Trotzdem sind die bei gleichen Litzentypen (z.B. 1 und 11,

2 und 12, 6 und 13, 7 und 14) und gleichen Scheuerzahlen (5.000 und 9.000 Fachwechsel) festgestellten Festigkeitsverluste bei Nm 30 in den meisten Fällen und bei den ungünstig wirkenden Flachstahllitzen sogar ungleich höher als bei Nm 18. Dies läßt mit doppelter Sicherheit darauf schließen, daß dieses Garn gegen die Beanspruchung durch die Litzen trotz großer Fadenbelastung weniger empfindlich war. Nebenher kann aus diesen Beobachtungen der Schluß gezogen werden, daß das für die Versuche entwickelte Litzenprüfgerät auch für die Prüfung von Garnen auf ihre Scheuerempfindlichkeit und ihre Verarbeitungsfähigkeit auf dem Webstuhl hin eingesetzt werden kann.

Der Vergleich der in Abbildung 4 festgestellten Abhängigkeiten des Garnfestigkeitsverlustes von der Zahl der Fachöffnungen entspricht für die Garne Nm 30 und Nm 12 der bei der Aufnahme der Kennlinien des Gerätes erkannten und erwarteten Tendenz. Demgegenüber hat die Schaulinie in Abbildung 7 für Garn Nm 18 einen abweichenden Verlauf mit einem deutlich ausgeprägten Minimum bei einer mittleren Scheuerzahl. Für diese Abweichung konnte eine Erklärung nicht gefunden werden. Wir beschränkten uns darauf festzustellen, daß auch bei dem Garn Nm 18, wie oben angegeben, die gleichen Feststellungen im Bezug auf die unterschiedliche Einwirkung der verschiedenen Litzenarten gemacht wurden wie beim Einsatz der Garne Nm 30 und Nm 12.

In den vorstehenden Schaubildern und Erläuterungen wurde vornehmlich der festgestellte Garnfestigkeitsverlust behandelt, wobei allerdings bei der Erreichung seines Mittelwertes die Zahl der bei der Prüfung eingetretenen Fadenbrüche berücksichtigt worden war. Wie bereits auf Seite 16 und 17 angegeben, ergibt die Auswertung der Verlustzahlen ein klareres Bild, als der Vergleich der Fadenbruchhäufigkeiten, die in den Tabellen 4-6 ebenfalls aufgeführt sind. Die für den einzelnen Versuch auf dem Litzenprüfgerät eingesetzte geringe Fadenzahl (100) reicht in vielen Fällen nicht aus, um vergleichbare Zahlen innerhalb eines tragbaren Streuungsbereiches zu erhalten. Es kann aber festgestellt werden, daß der zahlenmäßige Vergleich der festgestellten Fadenbrüche der Tendenz nach mit dem der Festigkeitsverluste gut übereinstimmt. Dies ist allerdings bei der Art der Fadenbeanspruchung auf dem Prüfgerät auch nicht anders zu erwarten. Hier ist es doch die Scheuerwirkung in den Litzenaugen, die auf Fadenbruchzahl und Garnfestigkeit wirkt.

**Forschungsberichte des Wirtschafts- und Verkehrsministeriums Nordrhein-Westfalen**

Daß im praktischen Webstuhlbetrieb auch noch andere Faktoren wie z.B. die Unregelmäßigkeit des Garns, zusätzlichen Einfluß gewinnt und die angesichts einer großen Anzahl Fäden verläßliche Fadenbruchzählung auch ein von dem Vergleich der Festigkeitsverluste abweichendes Ergebnis haben kann, zeigen die im folgenden zu beschreibenden, mit verschiedenen Litzen ausgeführten praktischen Webversuche.

## II. Versuche auf dem Webstuhl

### 1. Webstühle

Für die Webversuche standen zwei Roscher-Oberbauwebstühle mit Oberschlag und Festblatt zur Verfügung. Bei den Versuchen mit Flachsgarn wurde auf einem dieser Stühle mit Spindelschützen und Hülsenspulen, bei Flachswerggarn auf dem anderen Stuhl mit Deckelschützen und Schlauchkops gearbeitet. Zur Kettbaumbremsung dienten einheitlich mit Gewichtshebeln und Ketten versehene Bremsen. Sämtliche Versuche erfolgten ohne Benutzung von Teilstäben. Ein Längenausgleich der Kettfäden während der verschiednenen Fachverhältnisse erfolgte durch das Gewicht der Kettfadenwächterlamellen. Beide Webstühle arbeiteten mit 125 Schuß/min.

### 2. Garn- und Gewebedaten

Die Flachsgarnkette $Ne_L$ 35, 1/2-gebleicht, wurde bei einer Kettfadendichte von 3,98 x $\sqrt{Nm}$, entsprechend 18,3 Fd/cm, bezogen auf die Rieteinstellbreite, verarbeitet. Als Schuß diente ebenfalls Flachsgarn $Ne_L$ 35, 1/2-gebleicht. Die Schußfadendichte betrug 4,56 x $\sqrt{Nm}$ entsprechend 21,0 Fd/cm.

Die Flachswerggarnkette $Ne_L$ 20, 3/4-gebleicht, wurde mit einer Fadendichte von 4,06 x $\sqrt{Nm}$, entsprechend 14,1 Fd/cm, bezogen auf die Rieteinstellbreite, verwebt. Als Schuß wurde Flachswerggarn $Ne_L$ 20, 3/4-gebleicht, mit einer Schußfadendichte von 4,03 x $\sqrt{Nm}$, entsprechend 14,0 Fd/cm, verwendet. Bei beiden Geweben betrug die eingezogene Breite im Riet 142 cm.

### 3. Weblitzen

Für das Webgeschirr wurde eine Konstruktion der Fa. C.C. Egelhaaf, Reutlingen-Betzingen, benutzt, deren Schaftrahmen aus astfreien Holzstäben mit seitlichen Flacheisenstützen bestanden. Anstelle der sonst üblichen, auf die Holzstäbe aufsteckbaren Reiter dienen zum Halten der Litzentragestäbe Rollenreiter. Diese laufen auf Leichtmetallprofilschienen, welche in die Schaftstäbe eingelassen sind. Die Rollenreiter gewährleisten ein leichtes Einspielen der Weblitzen in die für die Kettfäden günstigste Stellung. Die Litzentragestäbe sind aus 1,5 x 9 mm Flachstahl hergestellt und werden mit Verriegelungsfedern zwischen den seitlichen Flacheisenstützen der Schaftrahmen in ihrer Lage gesichert. Außer den vorbeschriebenen neuartigen Webgeschirren wurde vergleichsweise auch ein Geschirr üblicher Konstruktion mit 4 mm Tragedrähten verwendet.

An Webgeschirren mit neuartigen Rollenreitern standen für die Versuche solche für 260, 280 und 330 mm lange Litzen zur Verfügung, und als Vergleichsgeschirr mit Tragedrähten und aufsteckbaren gehärteten Reitern ein solches für 260 mm Litzenlänge.

Aus Tabelle 7 gehen die für die Flachsgarnversuche und aus Tabelle 8 die für die Verwebung von Flachswerggarn eingesetzten Stahldraht- bzw. Flachstahl-Weblitzen hervor. Die Abmessungen sind bezüglich Länge, Stärke und Augen festgehalten. Desgleichen geben weitere Rubriken Aufschluß über Art der Augen und der Tragestäbe. Für die Litzenlänge sind die Maße von Mitte Litzenauge bis zu den Außenenden der Aufhängeösen angegeben, die beiderseits teilweise unterschiedlich sind und deren Summe die Gesamtlänge ergibt. Bei der Augenart sind unter "einges." Augen mit eingelöteten Stahlmaillons, unter "einfach" aus den Weblitzendrähten gedrehte und verlötete Augen und unter "oval" die bei der Herstellung von Flachstahllitzen langoval gestanzten Augen zu verstehen. Der in zwei Fällen hinzugefügte Zusatz "alt" soll darauf hindeuten, daß es sich um bereits 3/4 - 1 Jahr in Benutzung gewesene Litzen handelt, im Gegensatz zu den sonst verwendeten fabrikneuen Litzen. Die Anordnung unsymmetrischer Weblitzen im Geschirr wurde in jedem Falle derart vorgenommen, daß der kürzere Litzenteil mit seiner Endöse auf den oberen, der längere auf den unteren Litzentragestab aufgereiht wurde.

Je nach Art der Augen lagen bei den verwendeten Stahldraht-Weblitzen verschiedene Drahtstärken vor. Sie sind im allgemeinen bei Litzen mit eingesetzten Augen schwächer als bei Litzen mit einfachen Augen. Unterschiedlich sind auch die Augenmaße, die bei den eingesetzten Augen kleiner sind als bei den einfachen. Die Endösenmaße der für Flachstahltragestäbe geeigneten Weblitzen gleichen sich (4,5 x 15,0 mm). Litzen für Rundstahltragestäbe wichen im Bezug auf ihre Endösenabmessungen je nach Verwendung für Flachs- und Werggarn (Fl: 5,0x6,5 mm, W: 6,0x9,0 mm) voneinander ab.

### Tabelle 7
#### Litzen für Flachsgarn $Ne_L$ 35

| Vers. | Litzenart | Länge mm | Stärke mm | Augenmaß mm | Augenart | Tragestab |
|---|---|---|---|---|---|---|
| 1 | Stahldraht | 130 + 130 | 0,39 x 0,78 | 1,6 x 4,0 | einges. | flach |
| 2 |  |  | 0,35 x 0,70 | 1,6 x 6,1 | einfach |  |
| 3 | Stahldraht | 130 + 150 | 0,39 x 0,78 | 1,6 x 4,0 | einges. | flach |
| 4 | Flachstahl |  | 0,37 x 2,30 | 1,5 x 5,5 | oval |  |
| 5 | Stahldraht | 155 + 175 | 0,39 x 0,78 | 1,6 x 4,0 | einges. | flach |
| 6 | Flachstahl |  | 0,37 x 2,30 | 1,5 x 5,5 | oval |  |
| 7 | Stahldraht | 140 + 140 | 0,39 x 0,78 | 1,6 x 4,0 | einges. | flach |
| 8 |  |  | 0,35 x 0,70 | 1,6 x 6,1 | einfach |  |
| 9 | Stahldraht | 130 + 130 | 0,35 x 0,70 | 1,5 x 5,0 | einfach | rund |
| 10 |  |  | 0,35 x 0,70 | 1,5 x 5,0 | einf.alt |  |

### Tabelle 8
#### Litzen für Flachswerggarn $Ne_L$ 20

| Vers. | Litzenart | Länge mm | Stärke mm | Augenmaß mm | Augenart | Tragestab |
|---|---|---|---|---|---|---|
| 11 | Stahldraht | 130 + 130 | 0,43 x 0,86 | 2,6 x 5,5 | einges. | flach |
| 12 |  |  | 0,60 x 1,20 | 3,5 x 7,5 | einfach |  |
| 13 | Stahldraht | 130 + 150 | 0,43 x 0,86 | 2,6 x 5,5 | einges. | flach |
| 14 |  |  | 0,60 x 1,20 | 3,5 x 7,5 | einfach |  |
| 15 | Stahldraht | 155 + 175 | 0,43 x 0,86 | 2,6 x 5,5 | einges. | flach |
| 16 |  |  | 0,60 x 1,20 | 3,5 x 7,5 | einfach |  |
| 17 | Stahldraht | 140 + 140 | 0,43 x 0,86 | 2,6 x 5,5 | einges. | flach |
| 18 |  |  | 0,60 x 1,20 | 3,5 x 7,5 | einfach |  |
| 19 | Stahldraht | 130 + 130 | 0,60 x 1,20 | 3,0 x 7,5 | einfach | rund |
| 20 |  |  | 0,60 x 1,20 | 3,0 x 7,5 | einf.alt |  |

Forschungsberichte des Wirtschafts- und Verkehrsministeriums Nordrhein-Westfalen

In die praktischen Webversuche wurden Zwirnlitzen nicht einbezogen, da sie gegenüber der Verwendung von Stahllitzen heute in der Praxis immerhin eine untergeordnete Rolle spielen [1].

## 4. Webversuche und ihre Ergebnisse

### a) W e b v e r s u c h e

Um während einer Beobachtungszeit auf jedem Webstuhl einen kompletten Vergleichsversuch durchführen zu können, wurden die rechte und linke Seite jedes Geschirrs jeweils mit verschiedenen Litzenarten bezogen, so daß bei einer Rieteinstellbreite von 142 cm je Litzenart eine Breite von 71 cm für die Beobachtung zur Verfügung stand.

Die Aufteilung der Versuche erfolgte unter Übernahme der Litzenbezeichnungen der Tabellen 7 und 8 bei 2-Stuhlbetrieb nach dem Muster der Tabelle 9, aus der sich 5 Versuchsreihen A bis E ergeben. Jede Versuchsreihe erstreckte sich über eine Arbeitswoche, wobei sich für die Versuche mit Flachsgarn eine verarbeitete Kettlänge von ca. 90 m und für die Versuche mit Flachswerggarn eine Kettlänge von ca. 140 m ergaben, entsprechend einer mittleren Schußleistung von 160.000 und einer Rohgewebelänge von ca. 75 und 120 m. Entsprechend der Breite von ca. 71 cm im Webriet standen bei der Flachsgarnkette 1.300 Kettfäden und bei der Werggarnkette 1.000 Kettfäden für die Beobachtung je Litzenart zur Verfügung.

Im einzelnen umfassen also die Versuchsreihen:

A. (Vers. 1 und 2, 11 und 12) auf beiden Webstühlen den Vergleich der Stahldrahtlitzen, Länge 130 + 130 mm mit eingesetzten und einfachen Augen, Flachstahl-Tragestäbe.

B. (Vers. 3 und 4) auf Webstuhl 1 den Vergleich von Stahldrahtlitzen mit eingesetzten Augen gegen Flachstahllitzen mit ovalen Augen, Länge 130 + 150 mm, Flachstahl-Tragestäbe, sowie (Vers. 13 und 14) auf Webstuhl 2 den Vergleich von Stahldrahtlitzen, Länge 130 + 150 mm mit eingesetzten und einfachen Augen, Flachstahl-Tragestäbe.

---

[1] Es sei hier eingefügt, daß bei einem Vorversuch auf dem Webstuhl die Zwirnlitze sowohl im Bezug auf die Kettgarnschonung als im Hinblick auf den Kettwirkungsgrad gute Ergebnisse gezeigt hat.

## Tabelle 9
### Versuchsplan

| Versuchsreihe | Webstuhl 1 für Flachsgarn | | Webstuhl 2 für Werggarn | |
|---|---|---|---|---|
| A | 1 | 2 | 11 | 12 |
| B | 3 | 4 | 13 | 14 |
| C | 5 | 6 | 15 | 16 |
| D | 7 | 8 | 17 | 18 |
| E | 9 | 1o | 19 | 2o |

C. (Vers. 5 und 6) auf Webstuhl 1 den Vergleich wie bei den Versuchen 3 und 4 der Reihe B, jedoch Litzenlänge 155 + 175 mm, sowie (Vers. 15 und 16) auf Webstuhl 2 den Vergleich wie unter Vers. 13 und 14 der Reihe B, jedoch Litzenlänge 155 + 175 mm.

D. (Vers. 7 und 8, 17 und 18) auf beiden Webstühlen den Vergleich von Stahldrahtlitzen, Länge 14o + 14o mm, mit eingesetzten und einfachen Augen, Flachstahl-Tragestäbe.

E. (Vers. 9 und 1o, 19 und 2o) auf beiden Webstühlen den Vergleich von Stahldrahtlitzen, Länge 13o + 13o mm, mit einfachen Augen, fabrikneu und nach einer Benutzung von 3/4 - 1 Jahr, Rundstahl-Tragestäbe.

Alle zu einer Versuchsreihe gehörenden Versuche wurden gleichzeitig durchgeführt.

Die relative Luftfeuchtigkeit schwankte zwischen 8o und 9o % bei einer Raumlufttemperatur von 18 - 2o °C, sie war für den Vergleich der einzelnen Versuchsreihen untereinander als gleichliegend anzusehen.

b) **Häufigkeit der Stillstände**

Tabelle 1o enthält die auf 1oo.ooo Schuß bezogenen Häufigkeiten der bei den Versuchen mit Flachsgarnkette aufgenommenen Stillstände, Tabelle 11 die gleichen Angaben für die Stillstände bei den Versuchen mit Flachswerggarn [2]

---

[2] Vergl. auch Abbildungen 1o und 11

*Forschungsberichte des Wirtschafts- und Verkehrsministeriums Nordrhein-Westfalen*

Tabelle 10

Stillstände je 100.000 Schuß bei Flachsgarn

| Versuchsreihe | | A | | B | | C | | D | | E | |
|---|---|---|---|---|---|---|---|---|---|---|---|
| Versuchs-Nr. | | 1 | 2 | 3 | 4 | 5 | 6 | 7 | 8 | 9 | 10 |
| Kettfadenbrüche: | | | | | | | | | | | |
| Ursache: | Bereich: | | | | | | | | | | |
| Anspinner | Geschirr | 4 | 7 | 7 | 5 | 5 | 6 | 1 | 5 | 6 | 2 |
| | Kettw. | - | - | - | 1 | 1 | 1 | - | - | - | - |
| | Streichb. | - | - | - | - | - | - | - | - | - | - |
| dicke Stellen | Geschirr | 3 | 1 | 6 | 6 | 6 | 2 | 2 | 3 | 4 | 6 |
| | Kettw. | 2 | 1 | - | 3 | 1 | 2 | - | - | 1 | - |
| | Streichb. | - | - | - | - | - | - | - | - | - | - |
| Knoten | Geschirr | 6 | 6 | 15 | 12 | 14 | 10 | 7 | 10 | 6 | 13 |
| | Kettw. | 7 | 6 | 3 | 5 | 10 | 6 | 5 | 5 | 7 | 6 |
| | Streichb. | - | - | 3 | - | 1 | 1 | 1 | 1 | - | - |
| Schäben | Geschirr | - | - | - | - | - | - | 2 | 2 | 1 | 1 |
| | Kettw. | - | - | - | - | - | - | - | - | - | - |
| | Streichb. | - | - | - | - | - | - | - | - | - | - |
| dünne Stellen | Geschirr | 11 | 10 | 13 | 8 | 11 | 8 | 6 | 8 | 5 | 14 |
| | Kettw. | 8 | 8 | 6 | 11 | 5 | 7 | 6 | 8 | 5 | 6 |
| | Streichb. | 2 | 2 | 3 | 3 | 1 | 1 | 1 | 1 | 2 | 1 |
| Kettfadenbr. gesamt | | 43 | 41 | 56 | 54 | 55 | 44 | 31 | 43 | 37 | 49 |
| Störungen im Webfach | | - | - | - | - | 1 | 1 | 1 | 1 | 1 | - |
| Ausweben | | 1 | 1 | 1 | 3 | 1 | - | 2 | 1 | 2 | - |
| Störungen i.Schützenl. | | 1 | 1 | - | - | - | - | - | - | - | - |

Die Stillstände wurden nach folgenden Gesichtspunkten registriert:
<u>Kettfadenbrüche</u> durch Anspinner, durch dicke Stellen, durch Knoten, durch Schäben und durch dünne Stellen, unter Angabe der Stelle in der Webkette, an der diese Brüche entstanden sind, und zwar: Im Bereich des Webgeschirrs, des Kettfadenwächters oder des Streichbaums: Störungen im Webfach

## Tabelle 11

### Stillstände je 100.000 Schuß bei Werggarn

| Versuchsreihe<br>Versuchs-Nr. | | A | | B | | C | | D | | E | |
|---|---|---|---|---|---|---|---|---|---|---|---|
| | | 11 | 12 | 13 | 14 | 15 | 16 | 17 | 18 | 19 | 20 |
| **Kettfadenbrüche:** | | | | | | | | | | | |
| Ursache: | Bereich: | | | | | | | | | | |
| Anspinner | Geschirr | 11 | 11 | 12 | 10 | 3 | 10 | 7 | 10 | 7 | 9 |
| | Kettw. | - | 1 | - | - | - | 1 | - | - | - | 1 |
| | Streichb. | - | - | - | - | - | - | - | - | - | - |
| dicke Stellen | Geschirr | 11 | 8 | 8 | 14 | 13 | 7 | 7 | 14 | 5 | 9 |
| | Kettw. | 2 | 2 | - | 1 | 1 | - | 1 | 1 | 1 | 1 |
| | Streichb. | - | - | - | - | - | - | - | - | - | - |
| Knoten | Geschirr | 11 | 8 | 13 | 8 | 8 | 10 | 10 | 15 | 10 | 13 |
| | Kettw. | 1 | 2 | 1 | 2 | 3 | - | 2 | 3 | 3 | 4 |
| | Streichb. | - | - | 1 | - | - | 1 | - | 1 | 1 | - |
| Schäben | Geschirr | - | - | 1 | - | - | - | 1 | - | 1 | 1 |
| | Kettw. | - | - | - | - | - | - | - | - | - | - |
| | Streichb. | - | - | - | - | - | - | - | - | - | - |
| dünne Stellen | Geschirr | 6 | 3 | 7 | 4 | 5 | 3 | 7 | 2 | 2 | 4 |
| | Kettw. | 4 | 2 | 1 | 1 | 1 | - | 1 | 1 | 1 | 1 |
| | Streichb. | 1 | 1 | - | 1 | 3 | - | - | 1 | - | - |
| Kettfadenbr. gesamt | | 47 | 38 | 44 | 41 | 37 | 32 | 36 | 48 | 31 | 43 |
| Störungen im Webfach | | - | - | - | - | 1 | 1 | 1 | 1 | 3 | 1 |
| Ausweben | | 2 | - | 1 | 1 | 3 | 3 | 2 | 3 | 1 | 1 |
| Störungen i. Schützenl. | | - | 1 | - | - | - | - | - | 1 | 1 | - |

### Ausweben
### Störungen im Schützenlauf

Störungen durch Schußfadenbrüche wurden nicht aufgenommen, da sie einerseits für die Beurteilung eines Webgeschirres bedeutungslos, andererseits bei einer Aufteilung der Gewebebreite in voneinander unabhängige Beobachtungsabschnitte nicht wie üblich auswertbar sind. Die gleichzeitige

Beaufsichtigung von zwei Webstühlen erlaubte infolge eintretender zeitlicher Überschneidungen der zu registrierenden Stillstände die Erfassung ihrer Dauer mit einer Stoppuhr nicht. Es wurden daher lediglich die von der Kette herrührenden Betriebsunterbrechungen der Zahl nach festgehalten. Eine Errechnung der Kett- und Webstuhlwirkungsgrade konnte also nicht vorgenommen werden, jedoch erscheint die Angabe der festgestellten Stillstandshäufigkeiten bei gleichen Webbedingungen für die Bewertung des Einflusses der Weblitzen auf die Kettgarne ausreichend.

Wie die Zahlen der Tabellen 10 und 11 zeigen, können zur Beurteilung der Arbeitsweise nur die Kettfadenbrüche herangezogen werden. Die der Vollständigkeit halber ebenfalls verzeichneten Stillstände durch andere Ursachen erweisen sich hierfür infolge ihrer nur geringen Häufigkeiten nicht geeignet.

Die Ergebnisse der Kettfadenbruchzählung bei der Flachsgarnkette sprechen in beiden vergleichbaren Fällen für einen Vorteil der Flachstahllitzen gegenüber den Stahldrahtlitzen gleicher Länge.

```
54 Fdbr. bei Flachstahl,  280 mm Länge (Vers. B 4)
56   "    "  Stahldraht,  280 "    "   (Vers. B 3)

44   "    "  Flachstahl,  330 "    "   (Vers. C 6)
55   "    "  Stahldraht,  330 "    "   (Vers. C 5)
```

Der Unterschied ist bei der kleineren Litzenlänge weniger auffällig.

Bei der Verwebung der Werggarnkette kamen Flachstahllitzen nicht zur Anwendung.

Ein Vergleich der bei Flachsgarn erhaltenen Versuchswerte der Kettfadenbruchhäufigkeit bei Gegenüberstellung verschieden langer Weblitzen zeigt, daß 3 von 4 Versuchspaaren günstigere Zahlen für die längeren Litzen ergeben haben.

```
Stahldraht, symmetr. Teilung, einges. Auge:
    31 Fdbr. bei 280 mm Länge (Vers. D 7)
    43   "    "  260 "    "   (Vers. A 1)

Stahldraht, unsymmetr. Teilung, einges. Auge:
    55 Fdbr. bei 330 mm Länge (Vers. C 5)
    56   "    "  280 "    "   (Vers. B 3)

Flachstahl, unsymmetr. Teilung, ovales Auge:
    44 Fdbr. bei 330 mm Länge (Vers. C 6)
    54   "    "  280 "    "   (Vers. B 4)
```

Demgegenüber zeigte der Vergleich A 2 - D 8 (Stahldraht, symmetr. Teilung, einfaches Auge) für die 260 mm-Litze 41 und für die 280 mm-Litze 43 Fadenbr. je 100.000 Schuß.

Die Versuchsergebnisse bei den Webversuchen mit der Werggarnkette entsprechen auffällig dem oben angegebenen Resultat. Auch hier ergeben 3 von 4 Vergleichen die besseren Werte für die längeren Litzen.

    Stahldraht, symmetr. Teilung, einges. Auge:
        36 Fdbr. bei 280 mm Länge (Vers. D 17)
        47 " " 260 " " (Vers. A 11)

    Stahldraht, unsymmetr. Teilung, einges. Auge:
        37 Fdbr. bei 330 mm Länge (Vers. C 15)
        44 " " 280 " " (Vers. B 13)

    Stahldraht, unsymmetr. Teilung, einfaches Auge:
        32 Fdbr. bei 330 mm Länge (Vers. C 16)
        41 " " 280 " " (Vers. B 14)

Der Vergleich A 12 und D 18 (Stahldraht, symmetr. Teilung, einfaches Auge) hat hingegen wieder für die 260 mm-Litze einen günstigeren Wert als für die Litze mit 280 mm Länge, nämlich 38 (A 12) gegen 48 (D 18).

In der überwiegenden Anzahl der Fälle ergibt sich also für die Flachs- und für die Werggarnkette ein besseres Arbeiten der jeweils längeren Litzen. Warum die einander analogen und gleichzeitig durchgeführten Vergleiche A 2 - D 8 bzw. A 12 - D 18 entgegengesetzte Ergebnisse aufweisen, bleibt ungeklärt.

Eine weitere Vergleichsmöglichkeit bieten die Litzen mit den symmetrisch und den unsymmetrisch angeordneten Augen. Die Gegenüberstellung der Versuchsergebnisse B 3 und D 7 für 280 mm-Stahldrahtlitzen mit eingesetztem Auge bei Verwebung der Flachsgarnkette ergibt:

        31 Fdbr. bei den 140 + 140 mm-Litzen (D 7)
        56 " " " 130 + 150 " " (B 3)

Es ist somit ein deutlicher Vorteil bei symmetrischer Teilung zu verzeichnen. Dieser findet eine Bestätigung, wenn auch das Ergebnis C 5 mit den 155 + 175 mm-Litzen (55 Fdbr.) herangezogen wird. Obwohl diese Litzen eine nach Abschnitt b) vorteilhaftere, größere Länge haben, ergab sich eine höhere Fadenbruchhäufigkeit als bei den gleichmäßig geteilten 280 mm-Litzen (D 7).

Aus den Werggarnversuchen ist der Vorteil der symmetrisch geteilten Litzen nicht klar ersichtlich. Hier steht ein Versuchsergebnis gegen das andere, und zwar:

        Stahldraht, 280 mm Länge, einges. Auge:
            36 Fdbr. bei den 140 + 140 mm-Litzen (D 17)
            44  "    "  "  130 + 150  "    "   (B 13)

        Stahldraht, 280 mm Länge, einfaches Auge:
            48 Fdbr. bei den 140 + 140 mm-Litzen (D 18)
            41  "    "  "  130 + 150  "    "   (B 17)

Somit sprechen insgesamt 2 Versuchsergebnisse für die gleichschenkligen, ein dritter (bei Werggarn) für die ungleichschenkligen Litzen. Wird der bei der Beurteilung der Flachsgarnresultate zusätzlich herangezogene Vergleich noch beurteilt, so fällt das Gesamtergebnis für die Anwendung der Litzen mit symmetrischer Teilung aus.

Die Ergebnisse der Fadenbruchzählungen bei den Stahldrahtlitzen mit eingesetzten und einfachen Augen an dem Stuhl mit Flachsgarnkette (A 1 - A 2, D 7 - D 8) widersprechen einander. Zur Beurteilung von Vor- und Nachteil der Augenausführung müssen deshalb auch die Zahlen der Versuche mit Werggarnkette herangezogen werden, umsomehr, sich aus diesen eine größere Zahl von Vergleichsmöglichkeiten ergibt als bei Flachsgarn, bei dem anstelle der Stahldrahtlitzen in einigen Fällen Flachstahllitzen traten.

Es ergibt sich folgende Zusammenstellung:

        Stahldraht, symmetr. Teilung, 260 mm Länge, Flachs
            43 Fdbr. bei einges. Auge (A 1)
            41  "    "  einfach.  "  (A 2)

        Stahldraht, symmetr. Teilung, 260 mm Länge, Werg
            47 Fdbr. bei einges. Auge (A 11)
            38  "    "  einfach.  "  (A 12)

        Stahldraht, symmetr. Teilung, 280 mm Länge, Flachs
            31 Fdbr. bei einges. Auge (D 7)
            43  "    "  einfach.  "  (D 8)

        Stahldraht, symmetr. Teilung, 280 mm Länge, Werg
            36 Fdbr. bei einges. Auge (D 17)
            48  "    "  einfach.  "  (D 18)

        Stahldraht, unsymmetr. Teilung, 280 mm Länge, Werg
            44 Fdbr. bei einges. Auge (B 13)
            41  "    "  einfach.  "  (B 14)

        Stahldraht, unsymmetr. Teilung, 330 mm Länge, Werg
            37 Fdbr. bei einges. Auge (C 15)
            32  "    "  einfach.  "  (C 16)

Das Gesamtergebnis lautet mithin, daß in den meisten (4 von 6) Fällen die Litzen mit den einfachen Augen hinsichtlich der Kettfadenbruchhäufigkeit ein vorteilhaftes Arbeiten gezeigt haben. Bezeichnenderweise sind es wieder die Vergleiche mit D 8 und D 18, die abweichende Resultate zeigen, wie dies auch im Abschnitt b) festgestellt worden ist.

Die mit fabrikneuen und mit etwa 3/4 - 1 Jahr in Gebrauch gewesenen Stahldrahtlitzen mit einfachen Augen, 260 mm Länge, durchgeführten Vergleichsversuche erweisen eine starke Fadenbruchzunahme bei den gebrauchten Weblitzen.

Es ergaben sich bei der Flachsgarnkette:

    37 Fdbr. bei neuen Litzen (E 9)
    49 "   " gebr. " (E 10)

Die Vergleichsergebnisse bei Werggarnkette lauten:

    31 Fdbr. bei neuen Litzen (E 19)
    43 "   " gebr. " (E 20)

Die Unterteilung der Tabellen 10 und 11 nach dem Entstehungsort der Kettfadenbrüche (Bereich des Webgeschirrs, des Kettfadenwächters und des Streichbaumes) zeigt eindeutig, daß die meisten Kettfadenbrüche im Bereich des Webgeschirrs auftreten, an zweiter Stelle liegt der Bereich des Kettwächters und schließlich der des Streichbaumes. Die prozentuale Verteilung war folgende:

Flachsgarne (Tab. 10)

| | | |
|---|---|---|
| Bereich des | Geschirrs | 63,1 % |
| " | " Kettwächters | 31,6 % |
| " | " Streichbaums | 5,3 % |

Flachswerggarne (Tab. 11)

| | | |
|---|---|---|
| Bereich des | Geschirrs | 85,4 % |
| " | " Kettwächters | 11,8 % |
| " | " Streichbaums | 2,8 % |

c) G e w e b e f e s t i g k e i t   u n d   G a r n f e s t i g k e i t s v e r l u s t e

Um den Einfluß der verschiedenen Litzenausführungen auf die Garn- und Gewebefestigkeiten festzustellen, wurden von je 10 Streifen in Kettrichtung der stuhlrohen Gewebe die Reißfestigkeiten bestimmt. Zudem wurden, um Vergleiche mit der Ausgangsfestigkeit des Kettgarns anstellen zu können, aus den Gewebestreifen Fäden herauspräpariert und von mindestens je 60 dieser Fäden die Garnfestigkeit ermittelt. Diese wurde jeweils der Festigkeit der geschlichteten Fäden vor dem Weben gegenübergestellt. Die Tabellen 12 und 13 geben die gefundenen Daten der Garn- und Gewebefestigkeiten für die Versuche mit Flachs- und Flachswerggarn wieder.

Der Vergleich gleich langer Stahldraht- und Flachstahllitzen, wie sie bei der Verwebung der Flachsgarnkette in gleichzeitigen Versuchen auf dem gleichen Stuhl zum Einsatz kamen, spricht vom Standpunkt der Garnschonung für die Ausführung in Stahldraht [3)]

$P = 68,1$ kg; $V = 22,5$ % bei Stahldraht, 280 mm Länge (B 3)
$P = 66,0$ kg; $V = 24,1$ %  "  Flachstahl, 280 "   "   (B 4)

$P = 68,1$ kg; $V = 20,1$ % bei Stahldraht, 330 mm Länge (C 5)
$P = 67,1$ kg; $V = 25,4$ %  "  Flachstahl, 330 "   "   (C 6)

In beiden vergleichbaren Fällen ist also bei Verwendung der Stahldrahtlitze die Gewebefestigkeit besser und der Festigkeitsverlust des Garns im Gewebe im Vergleich zu der Ausgangsfestigkeit der Kettfäden kleiner.

Bei Einsatz verschieden langer Litzen ergeben sich folgende Gegenüberstellungen:

Stahldraht, symmetr. Teilung, einges. Auge:
$P = 71,2$ kg; $V = 14,0$ % bei 280 mm Länge (D 7)
$P = 69,4$ kg; $V = 16,1$ %  " 260 "   "   (A 1)

Stahldraht, symmetr. Teilung, einfaches Auge:
$P = 68,2$ kg; $V = 18,9$ % bei 280 mm Länge (D 8)
$P = 68,3$ kg; $V = 17,4$ %  " 260 "   "   (A 2)

Stahldraht, unsymmetr. Teilung, einges. Auge:
$P = 68,1$ kg; $V = 20,1$ % bei 330 mm Länge (C 5)
$P = 68,1$ kg; $V = 22,5$ %  " 280 "   "   (B 3)

Flachstahl, unsymmetr. Teilung, ovales Auge:
$P = 67,1$ kg; $V = 25,4$ % bei 330 mm Länge (C 6)
$P = 66,0$ kg; $V = 24,1$ %  " 280 "   "   (B 4)

Wie ersichtlich, ergeben die Vergleiche kein eindeutiges Bild. Zwei von insgesamt vier deuten auf eine schonendere Arbeit der längeren Litzen.

---

[3)] In allen folgenden Zusammenstellungen bedeutet P Gewebefestigkeit; V den Garnfestigkeitsverlust. Vergl. auch Abbildungen 10 und 11.

Tabelle 12

Kettgarn- und Gewebefestigkeiten bei Flachsgarn

| Versuchsreihe | A | | B | | C | | D | | E | |
|---|---|---|---|---|---|---|---|---|---|---|
| Versuchs-Nr. | 1 | 2 | 3 | 4 | 5 | 6 | 7 | 8 | 9 | 10 |
| Kettgarnfestigkeit | | | | | | | | | | |
| Vor dem Weben (g) | 787 | 787 | 787 | 787 | 787 | 787 | 787 | 787 | 787 | 787 |
| Nach dem Weben (g) | 660 | 650 | 610 | 597 | 629 | 587 | 677 | 638 | 647 | 591 |
| Festigkeitsverlust | | | | | | | | | | |
| g | 127 | 137 | 177 | 190 | 158 | 200 | 110 | 149 | 140 | 196 |
| % | 16,1 | 17,4 | 22,5 | 24,1 | 20,1 | 25,4 | 14,0 | 18,9 | 17,8 | 24,9 |
| Gewebefestigkeit | | | | | | | | | | |
| in Kettrichtung (kg) | 69,4 | 68,3 | 68,1 | 66,0 | 68,1 | 67,1 | 71,2 | 68,2 | 69,1 | 68,6 |

Tabelle 13

Kettgarn- und Gewebefestigkeiten bei Werggarn

| Versuchsreihe | A | | B | | C | | D | | E | |
|---|---|---|---|---|---|---|---|---|---|---|
| Versuchs-Nr. | 11 | 12 | 13 | 14 | 15 | 16 | 17 | 18 | 19 | 20 |
| Kettgarnfestigkeit | | | | | | | | | | |
| Vor dem Weben (g) | 1333 | 1333 | 1333 | 1333 | 1333 | 1333 | 1333 | 1333 | 1333 | 1333 |
| Nach dem Weben (g) | 1082 | 1045 | 1053 | 1048 | 1076 | 1098 | 1016 | 1007 | 1074 | 948 |
| Festigkeitsverlust | | | | | | | | | | |
| g | 251 | 288 | 280 | 285 | 257 | 235 | 317 | 326 | 259 | 385 |
| % | 18,8 | 21,6 | 21,0 | 21,4 | 19,3 | 17,6 | 23,8 | 24,4 | 19,4 | 28,8 |
| Gewebefestigkeit | | | | | | | | | | |
| in Kettrichtung (kg) | 72,1 | 71,5 | 70,2 | 68,6 | 69,4 | 68,8 | 69,8 | 68,6 | 72,0 | 70,7 |

Ein Vergleich spricht dagegen, ein weiterer ist widersprechend, da die Werte der Gewebefestigkeit und die der Garnfestigkeitsverluste nicht übereinstimmen. Immerhin scheint ein Vorteil der längeren Litzen vorhanden zu sein.

*Forschungsberichte des Wirtschafts- und Verkehrsministeriums Nordrhein-Westfalen*

Die entsprechenden Zahlen der Gewebefestigkeiten bzw. der Garnfestigkeitsverluste bei den Versuchen mit der Werggarnkette lauten wie folgt:

Stahldraht, symmetr. Teilung, einges. Auge:
P = 69,8 kg; V = 23,8 % bei 280 mm Länge (D 17)
P = 72,1 kg; V = 18,8 % " 260 " " (A 11)

Stahldraht, symmetr. Teilung, einfaches Auge:
P = 68,6 kg; V = 24,4 % bei 280 mm Länge (D 18)
P = 71,5 " ; V = 21,6 % " 260 " " (A 12)

Stahldraht, unsymmetr. Teilung, einges. Auge:
P = 69,4 kg; V = 19,3 % bei 330 mm Länge (C 15)
P = 70,2 kg; V = 21,0 % " 280 " " (B 13)

Stahldraht, unsymmetr. Teilung, einfaches Auge:
P = 68,8 kg; V = 17,6 % bei 330 mm Länge (C 16)
P = 68,6 kg; V = 21,4 % " 280 " " (B 14)

Auch bei der Verwebung von Flachswerggarn waren also die Ergebnisse nicht eindeutig. Hier ist eher die Tendenz vorhanden, daß die kürzeren Litzen von Vorteil sind. Hierfür sprechen 2 von insgesamt 4 der Vergleiche, ein Vergleich spricht zugunsten der längeren Litzen, ein weiterer ist wiederum widerspruchsvoll, da die Aussagen der Gewebeprüfung und der Garnprüfung nicht gleichlautend sind, was natürlich nur auf Ungenauigkeiten oder Zufälligkeiten zurückzuführen ist.

Um die Auswirkung der Litzenausführung mit symmetrisch und unsymmetrisch angeordnetem Auge auf das Garn vom Standpunkt seiner Schonung zu beurteilen, können die Ergebnisse der Versuche D 7 und B 3 mit Flachsgarnkette und 280 mm-Stahldrahtlitzen mit eingesetztem Auge miteinander verglichen werden:

P = 71,2 kg; V = 14,0 % bei den 140 + 140 mm Litzen (D 7)
P = 68,1 kg; V = 22,5 % bei den 130 + 150 mm Litzen (B 3)

Es ergibt sich ein Vorteil der Litzen mit symmetrisch angeordnetem Auge. Wenn auch der Wert für den Garnfestigkeitsverlust bei D 7 unwahrscheinlich niedrig ausgefallen ist, so bleibt doch schon durch den Unterschied der Gewebefestigkeit die getroffene Feststellung bestehen.

Umgekehrt ist leider das Ergebnis der Versuche mit Werggarn. Hier hatten die gegenüberzustellenden Versuche folgende Werte zum Ergebnis:

Stahldraht, 280 mm Länge, einges. Auge:
P = 69,8 kg; V = 23,8 % bei den 140 + 140 mm Litzen (D 17)
P = 70,2 kg; V = 21,0 % bei den 130 + 150 mm Litzen (B 13)

Stahldraht, 280 mm Länge, einfaches Auge:
P = 68,6 kg; V = 24,4 % bei den 140 + 140 mm Litzen (D 18)
P = 68,6 kg; V = 21,4 % bei den 130 + 150 mm Litzen (B 14)

Die Ergebnisse der Gewebe- bzw. der Garnprüfung sprechen hier also gegen die gleichschenkligen Litzen.

Inwieweit die Ausführung der Litzenaugen auf die Schonung des Kettgarns einen Einfluß hat, zeigen die im folgenden aufgeführten Werte für die Gewebefestigkeiten und die Garnfestigkeitsverluste aus den einander gegenüberzustellenden Versuchen.

Flachsgarnkette:
Stahldraht, symmetr. Teilung, 260 mm Länge:
P = 69,4 kg; V = 16,1 % bei einges.  Auge (A 1)
P = 68,3 kg; V = 17,4 % "  einfach.   "   (A 2)

Stahldraht, symmetr. Teilung, 280 mm Länge:
P = 71,2 kg; V = 14,0 % bei einges.  Auge (D 7)
P = 68,2 kg; V = 18,9 % "  einfach.   "   (D 8)

Flachswerggarnkette:
Stahldraht, symmetr. Teilung, 260 mm Länge:
P = 72,1 kg; V = 18,8 % bei einges.  Auge (A 11)
P = 71,5 kg; V = 21,6 % "  einfach.   "   (A 12)

Stahldraht, symmetr. Teilung, 280 mm Länge:
P = 69,8 kg; V = 23,8 % bei einges.  Auge (D 17)
P = 68,6 kg; V = 24,4 % "  einfach.   "   (D 18)

Stahldraht, unsymmetr. Teilung, 280 mm Länge:
P = 70,2 kg; V = 21,0 % bei einges.  Auge (B 13)
P = 68,6 kg; V = 21,4 % "  einfach.   "   (B 14)

Stahldraht, unsymmetr. Teilung, 330 mm Länge:
P = 69,4 kg; V = 19,3 % bei einges.  Auge (C 15)
P = 68,8 kg; V = 17,6 % "  einfach.   "   (C 16)

Alle Ergebnisse sprechen dafür, daß die Litzen mit eingesetzten Maillons die Kettgarne besser schonen bzw. andererseits, daß die Litzen mit einfachen Drahtaugen die Kettfäden in stärkerem Maße beanspruchen.

In den Versuchen E 9 - 10 mit Flachsgarnkette und E 19 - 20 mit Flachswerggarnkette wurden neue und gebrauchte Litzen (Gebrauchsdauer 3/4 - 1 Jahr) gleichzeitig eingesetzt. Das Ergebnis der Prüfung auf Gewebefestigkeit und Garnfestigkeitsverluste durch das Weben ergibt sich aus folgender Gegenüberstellung:

P = 69,1 kg; V = 17,8 % bei neuen Litzen (E 9)
P = 68,6 kg; V = 24,9 % "  gebr.    "   (E 10)

P = 72,0 kg; V = 19,4 % bei neuen Litzen (E 19)
P = 70,7 kg; V = 28,8 %  "  gebr.   "    (E 2o)

Das Ergebnis ist eindeutig. Der Nachteil der alten Litzen hinsichtlich ihrer Einwirkung auf das Kettgarn ist offensichtlich, wenn auch der bei E 2o festgestellte Festigkeitsverlust von 28,8 % zu hoch erscheint, wenigstens im Vergleich zu dem bei E 19 festgestellten.

d) U n t e r s u c h u n g   d e r   W e b l i t z e n

Es wurde bereits die Vermutung geäußert, daß gewisse Unterschiede im Verhalten der Weblitzen auf die diesen jeweils eigene Steifigkeit bzw. Biegefähigkeit und Elastizität zurückzuführen sind. Die in den vorstehend beschriebenen Versuchen eingesetzten Litzen wurden deshalb auf ihre Biegefähigkeit untersucht, indem ihre Durchbiegung senkrecht zur Ebene des Litzenauges bei einseitiger Einspannung und Belastung des freien Endes gemessen wurde. Die Belastung wurde in einem Abstand von 9o mm von der Einspannstelle abwechselnd mit 5, 1o und 15 g vorgenommen, wobei jeweils 3 Messungen durchgeführt wurden. Die Meßstelle der Durchbiegung befand sich in 6o mm Entfernung von der Einspannstelle. Tabelle 14 gibt die Mittelwerte der Durchbiegung in mm bei den angegebenen Belastungen für die bei den Flachsgarnversuchen verwendeten Litzen wieder. Tabelle 15 enthält diese Werte für die bei den Werggarnversuchen eingesetzten Litzen.

Der Vergleich der Durchbiegungen B 3 und B 4 bzw. C 5 und C 6 zeigt die außerordentlich kleinen Durchbiegungen und somit die geringere Biegefähigkeit der Flachstahllitzen gegenüber den parallel verwendeten Stahldrahtlitzen. Wird diese Feststellung zusammengebracht mit den Beobachtungen, daß die Flachstahllitzen die geringeren Fadenbruchhäufigkeiten, demgegenüber aber auch die höheren Garnfestigkeitsverluste für sich zu buchen hatten, so erscheint die Erklärung plausibel, daß sich die größere Steifigkeit der Litze vorteilhaft auf die Aufteilung der Kettfäden im Hinterfach auswirkt, hingegen die größeren Scheuerverluste hervorruft.

Ähnliche Beobachtungen können auch bei den für die Werggarnversuche eingesetzten Litzen mit eingesetzten Maillons bzw. mit einfachen gedrehten Augen (A 11 - A 12, B 13 - B 14, C 15 - C 16, D 17 - D 18) angestellt werden, von denen letztere stets aus einem stärkeren gedrehten Draht gefertigt waren und dementsprechend eine wesentlich geringere Durchbiegung zeigten. Die Steifigkeit dieser Litzen wirkte sich wiederum so aus, daß sie beim Weben ein günstigeres Bild erbrachten, demgegenüber aber

Tabelle 14

Biegefähigkeit der Weblitzen für Flachsgarnversuche

| Versuchsreihe | A | | B | | C | | D | | E | |
|---|---|---|---|---|---|---|---|---|---|---|
| Versuchs-Nr. | 1 | 2 | 3 | 4 | 5 | 6 | 7 | 8 | 9 | 10 |
| Mittelwert Litzendurchbiegung (mm) | 27,4 | 44,3 | 28,7 | 8,8 | 30,6 | 10,3 | 31,0 | 52,2 | 57,6 | 55,1 |

Tabelle 15

Biegefähigkeit der Weblitzen für Werggarnversuche

| Versuchsreihe | A | | B | | C | | D | | E | |
|---|---|---|---|---|---|---|---|---|---|---|
| Versuchs-Nr. | 11 | 12 | 13 | 14 | 15 | 16 | 17 | 18 | 19 | 20 |
| Mittelwert Litzendurchbiegung (mm) | 21,2 | 6,3 | 20,5 | 6,4 | 21,0 | 6,5 | 20,3 | 6,8 | 5,7 | 5,5 |

die Gewebeprüfung eine größere Schädigung der Kettfäden in Erscheinung treten ließ. Der Unterschied bei den Drahtstärken der innerhalb der Flachsgarnversuche eingesetzten Litzen war nicht sehr wesentlich, merkwürdigerweise auch in anderer Richtung liegend. Wie erinnerlich, waren auch die Ergebnisse der Kettfadenbruchzählung bei dem Vergleich der Litzen mit verschiedener Augenausführung bei den Versuchen mit Flachsgarn nicht völlig eindeutig.

Hingewiesen sei noch auf die unterschiedliche Form der Augen, je nachdem, ob sie mit eingesetzten Maillons oder ohne diese ausgebildet sind. Das einfache gedrehte Auge ist größer, allerdings nicht so stetig abgerundet wie das eingesetzte Auge. Daß auch hierdurch das bessere Verhalten der ersteren im Webprozeß bzw. die bessere Garnschonung durch die letzteren weitere Erklärung finden kann, ist wahrscheinlich.

Bei dem Vergleich der fabrikneuen und gebrauchten Weblitzen (E 9 - E 10, E 19 - E 20) sind größere Kettfadenbruchhäufigkeiten, geringere Gewebefestigkeiten und höhere Garnfestigkeitsverluste bei den alten Litzen festgestellt worden. Die Ursache der recht erheblichen Unterschiede ist in einer starken Abnutzung der länger in Betrieb gewesenen Litzen an den

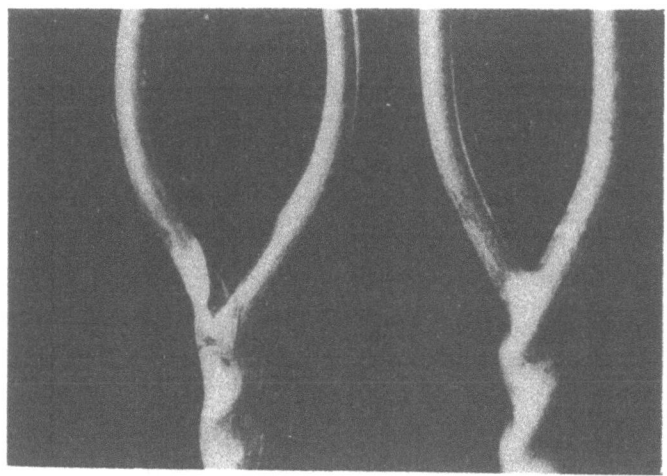

Abbildung 9

oberen und unteren durch Drehung der beiden Stahldrähte gebildeten Stellen der Litzenaugen zu suchen. Die Vergrößerung in Abbildung 9 zeigt vergleichsweise Ausschnitte einer alten und einer neuen Weblitze des Werggarnversuchs E. Das links abgebildete Auge einer 3/4 - 1 Jahr in Benutzung gewesenen Litze zeigt dort, wo die beiden Stahldrähte bei der Herstellung zusammengedreht wurden, einen scharfen Einschnitt. Derartige scharfe Einschnitte waren durchweg bei den älteren Weblitzen festzustellen. Sie sind infolge Abnutzung der im neuen Zustand glatten Lötstellen (Litzenauge rechts) durch die Scheuerung der Fäden entstanden.

e) Auswertung der Ergebnisse nach Abschnitt 4 b - d

Um die in den Tabellen 1o - 13 enthaltenen und in den Abschnitten 4 b und 4 c besprochenen Zahlen besser miteinander vergleichen zu können, wurden in den Abbildungen 1o und 11 in zusammenhängenden Säulengruppen die Kettfadenbrüche je 1oo.ooo Schuß, die Gewebefestigkeiten in kg und die Garnfestigkeitsverluste in % graphisch nebeneinander aufgetragen.

Abbildung 1o enthält die für Flachsgarn, Abbildung 11 die für Flachswerggarn gefundenen Werte. Die in der Ordinate eingezeichnete Zahlenreihe o - 7o gilt als Maßstab für alle drei betrachteten Größen.

Der Vergleich der Stahldraht- und Flachstahllitzen gleicher Länge zeigt, daß keine Übereinstimmung besteht zwischen den Ergebnissen der Kettfaden-

Forschungsberichte des Wirtschafts- und Verkehrsministeriums Nordrhein-Westfalen

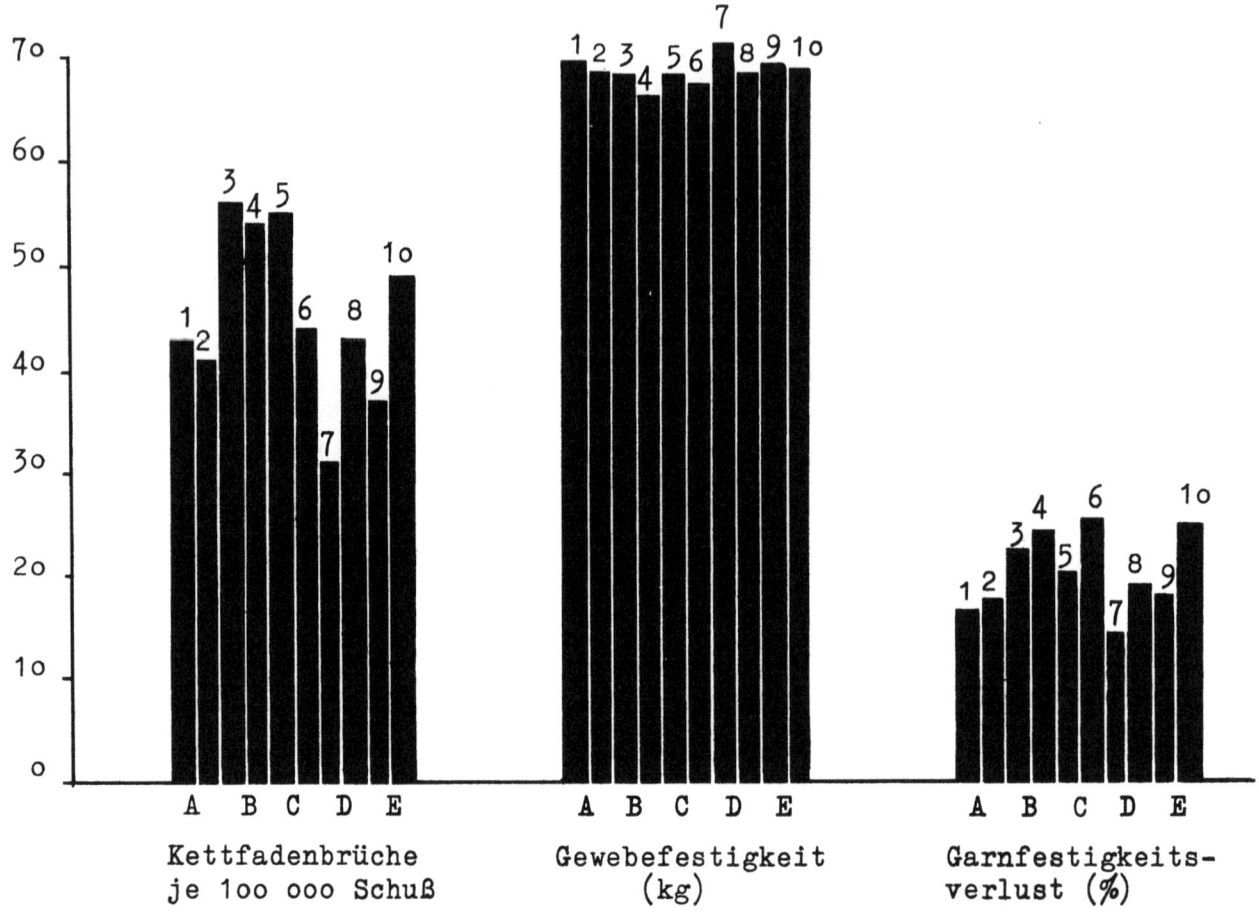

A 1: Stahldraht 130 + 130 einges. Auge
A 2: Stahldraht 130 + 130 einfach. Auge

B 3: Stahldraht 130 + 150 einges. Auge
B 4: Flachstahl 130 + 150 ovales Auge

C 5: Stahldraht 155 + 175 einges. Auge
C 6: Flachstahl 155 + 175 ovales Auge

D 7: Stahldraht 140 + 140 einges. Auge
D 8: Stahldraht 140 + 140 einfach. Auge

E 9: Stahldraht 130 + 130 einfach. Auge
E 10: Stahldraht 130 + 130 einfach. Auge alt

E 9 und E 10 mit runden Tragestäben, sonst flache Tragestäbe

Abbildung 10
Litzenversuche Flachsgarn

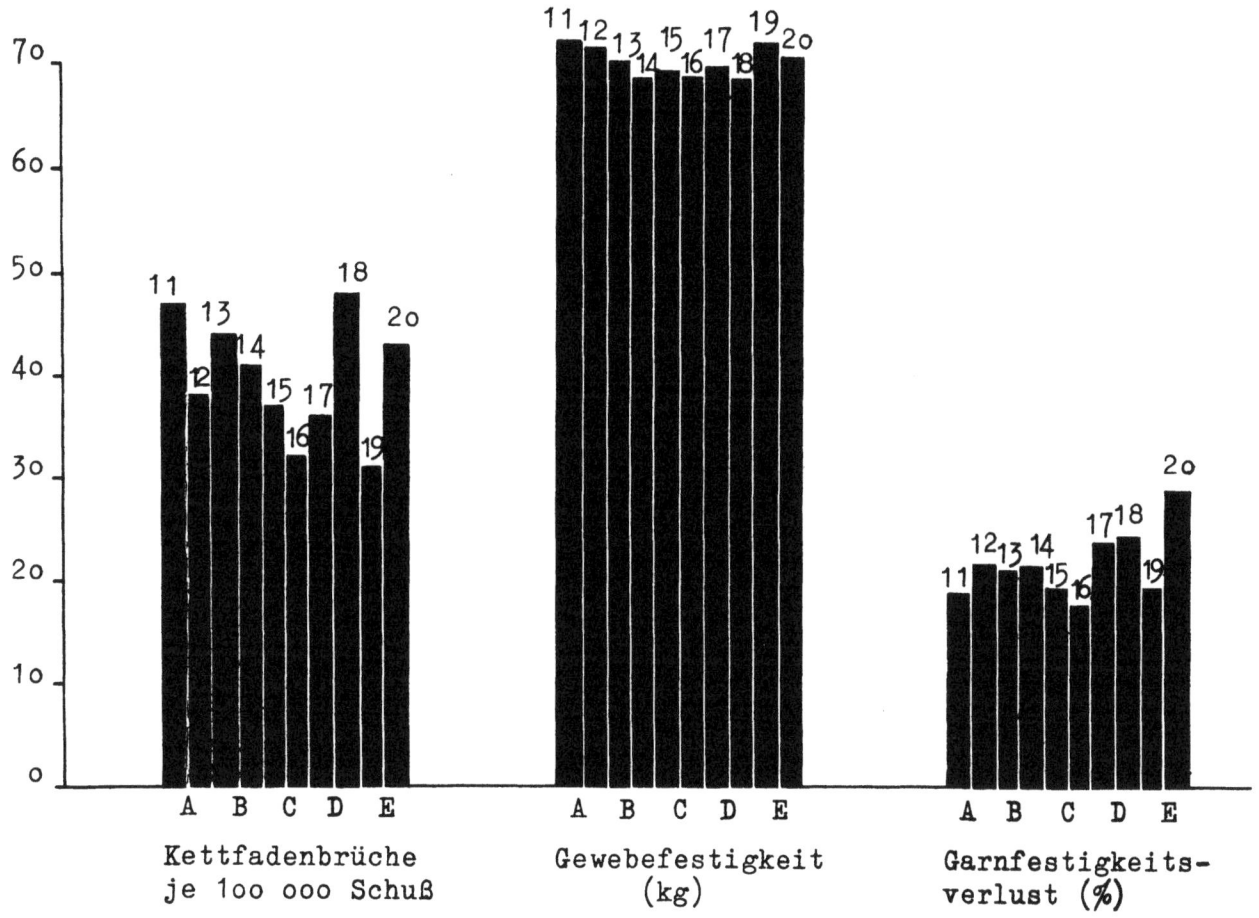

A 11: Stahldraht 130 + 130 einges. Auge
A 12: Stahldraht 130 + 130 einfach. Auge

B 13: Stahldraht 130 + 150 einges. Auge
B 14: Stahldraht 130 + 150 einfach. Auge

C 15: Stahldraht 155 + 175 einges. Auge
C 16: Stahldraht 155 + 175 einfach. Auge

D 17: Stahldraht 140 + 140 einges. Auge
D 18: Stahldraht 140 + 140 einfach. Auge

E 19: Stahldraht 130 + 130 einfach. Auge
E 20: Stahldraht 130 + 130 einfach. Auge alt

E 19 und E 20 mit runden Tragestäben, sonst flache Tragestäbe

Abbildung 11
Litzenversuche Werggarn

bruchzählung und denen der Gewebeprüfung. In den zwei vergleichbaren Fällen, die beide für Flachsgarn gelten, war festzustellen, daß die Flachstahllitzen hinsichtlich der Kettfadenbruchhäufigkeit, die Stahldrahtlitzen hinsichtlich der Schonung der Kettgarne ihre Vorteile haben. Die Kettfadenbruchhäufigkeit war bei den Flachstahllitzen durchweg niedriger als bei der Stahldrahtausführung, während letztere im Bezug auf die Gewebefestigkeit und Garnfestigkeitsverluste die besseren Werte ergab (vergl. B 3 - B 4 und C 5 - C 6). - Durch dies letztgenannte Ergebnis der praktischen Webversuche wurden die gemäß Abschnitt A 5 experimentell gemachten Erfahrungen bestätigt, daß die Stahldrahtlitze, verglichen mit der Flachstahllitze, für die Schonung des Materials eindeutig günstiger ist. Die erzielten Unterschiede in der Gewebefestigkeit und hinsichtlich des Garnfestigkeitsverlustes können erheblich sein. - Demgegenüber erweisen die Versuchsergebnisse ebenfalls klar, daß sich die Flachstahllitze im Bezug auf die Kettfadenbruchhäufigkeit günstiger verhält als die Litze aus Stahldraht. Auch diesbezüglich können die Abstufungen diesmal zugunsten der Flachstahllitze von Bedeutung sein. Beide Erscheinungen können zurückgeführt werden auf die größere Steifigkeit der Flachstahlausführung, die offenbar eine bessere Trennung der mit Garnunregelmäßigkeiten behafteten Kettfäden im Hinterfach bewirkt, andererseits aber eine größere Scheuerwirkung auf die Fäden ausübt. Es bleibt der Praxis überlassen, zwischen den beiden Alternativen unter Berücksichtigung auch betrieblicher Verhältnisse - z.B. längere Lebensdauer der Flachstahllitze - zu wählen.

Hinsichtlich der Litzenlänge ergibt die Mehrheit der Vergleichsversuche, nämlich 6 von insgesamt 8, hälftig bei Flachs- und Flachswerggarn, ein besseres Verhalten der jeweils längeren Litzen hinsichtlich der Kettfadenbruchhäufigkeit. Die Frage nach der vorteilhaftesten Länge der Litzen ist also aufgrund der Versuchserfahrungen dahingehend zu beantworten, daß die jeweils längere Litze sich im Betrieb günstiger auswirkt. Die Erwartung, daß kürzere Litzen infolge größerer Steifigkeit, wie beim Vergleich Flachstahl gegen Stahldraht, geringere Fadenbruchhäufigkeiten erzielen würde, hat sich nicht erfüllt. - Was die Schonung der Kettfäden und die Gewebefestigkeit anbetrifft, ist ein einheitliches Bild nicht zu erhalten. Nur andeutungsweise kann den Vergleichsergebnissen bei Flachsgarn ein Vorteil der längeren, bei Werggarn ein solcher der kürzeren Litzen entnommen werden (vergl. A 1 - D 7, A 2 - D 8, B 3 - C 5, B 4 - C 6 mit Flachsgarn, A 11 - D 17, A 12 - D 18, B 13 - C 15, B 14 - C 16 mit Werggarn).

Die Litzen mit der symmetrischen und unsymmetrischen Teilung durch das Auge zeigen vergleichsweise kein eindeutiges Verhalten. Bei den Flachsgarnen (Vergleich B 3 - D 7) ist ein Vorteil der gleichschenkligen Litze in jeder Hinsicht, also sowohl auf dem Webstuhl als auch im Gewebe deutlich nachweisbar. Demgegenüber sind die Ergebnisse der Versuche mit Werggarn (Vergleiche B 13 - D 17 und B 14 - D 18) hinsichtlich der Kettfadenbruchhäufigkeit in sich widerspruchsvoll und für die Gewebefestigkeit bzw. den Garnfestigkeitsverlust sogar entgegengesetzt, d.h. für die Litze mit der ungleichen Teilung günstiger.

Ob der bei den Versuchsgruppen mit verschiedener Litzenlänge bzw. verschiedener Anordnung der Augen unterschiedliche Ausfall der Gewebe- und Garnprüfung, je nachdem es sich um mit Flachs- oder Flachswerggarnkette gefertigte Gewebe gehandelt hat, technologisch begründete Ursachen hat, kann aufgrund der bisherigen Beobachtungen nicht mit genügender Eindeutigkeit festgestellt werden.

Der Vergleich der Litzenausführung mit einfachem gedrehten Auge einerseits und mit eingesetzten Maillons andererseits zeigt gegensätzliche Ergebnisse, je nachdem, ob Kettfadenbruchhäufigkeit oder Gewebeeigenschaften beurteilt werden. Auf dem Webstuhl erwiesen sich die Litzen mit den einfachen Augen in der Mehrzahl der vergleichbaren Fälle (A 1 - A 2, D 7 - D 8, A 11 - A 12, B 13 - B 14, C 15 - C 16, D 17 - D 18) für Flachs- und Flachswerggarn vorteilhafter. Bei der Gewebeprüfung schneiden die unter Einsatz der Litzen mit eingesetztem Auge gefertigten Waren in allen Fällen besser ab. Die Versuchsergebnisse zeigen, daß auch hier wiederum die zu wählende Ausführung davon abhängt, ob einer geringeren Kettfadenbruchhäufigkeit oder einer größeren Garnschonung der Vorzug gegeben wird. Die Litzen mit den einfachen Augen, vor allem, wenn sie - wie meist - einen größeren Drahtquerschnitt aufweisen, haben eine geringere Kettfadenbruchhäufigkeit gezeigt, während demgegenüber die Gewebefestigkeiten und die Garnfestigkeitsverluste bei den eingesetzten Augen die besseren Werte hatten. Dies ist teilweise - analog dem Vergleich Stahldraht gegen Flachstahl - auf die meist größere Steifigkeit der Litzen mit einfachem Auge, teilweise aber auch auf die charakteristische Form des Auges zurückzuführen, wobei anzunehmen ist, daß das eingesetzte oval geformte, glatte Auge dem Kettgarn mehr Schonung widerfahren läßt als das einfache Auge, das an seinen gedrehten Stellen diesbezüglich weniger günstig geformt ist. Das letztere ist demgegenüber im Querschnitt größer und bietet den Ungleichheiten des Fadens beim Durchgang weniger Widerstand.

Ein Vorteil der Litzen mit den eingesetzten Maillons dürfte sich vor allem im Bezug auf die Gebrauchsdauer ergeben. Sie zeigen auch nach jahrelangem Gebrauch derartige Abnutzungen, wie sie an den Lötstellen der Drahtaugen auftreten, nicht.

Welch starken Einfluß ein von der Scheuerung durch die Kettfäden beschädigtes Auge hat, zeigen die Vergleichsversuche mit <u>fabrikneuen und gebrauchten Litzen</u> (Gebrauchsdauer 3/4 - 1 Jahr) bei Ausführung mit einfachem Auge. In beiden Fällen (Vergleiche E 9 - E 1o und E 19 - E 2o), also bei Flachs- und Flachswerggarn waren sowohl hinsichtlich der Kettfadenbruchhäufigkeit als auch im Bezug auf die Garnfestigkeitsverluste Unterschiede zugunsten der neuen Litzen in einem beträchtlichen Ausmaß vorhanden. Eine Erklärung ergibt sich leicht bei Betrachtung der Augen unter der Lupe. Die Augen der gebrauchten Litzen zeigen in der Vergrößerung an den oberen und unteren Lötstellen deutlich durch die Fadenreibung verursachte Einschnitte. Der Gebrauchsdauer der im Einsatz befindlichen Litzen ist also erhebliche Bedeutung zu schenken, insbesondere wenn es sich um die Ausführung mit gedrehten und verlöteten Augen handelt.

## B. Die Stellung der Webschäfte zur Kette

### 1. Versuchsanordnung

Für die Versuche mit in bestimmten Richtungen bewegten Webschäften standen nur Oberbauwebstühle zur Verfügung. Um die Schäfte entsprechend einem vorgeschriebenen Winkel zur Kette zu bewegen, war es erforderlich, die beim Oberbauwebstuhl frei aufgehängten, seitlich ungeführten Schäfte in verstellbaren, an der oberen Webstuhltraverse angebrachten Führungen gleiten zu lassen, derart, wie dies vom oberbaulosen Webstuhl her bekannt ist. Abbildung 12 zeigt die Anordnung der Führungen.

Die obere Webstuhltraverse, die zur Aufnahme der Gegenzugvorrichtung für die Webschäfte dient, erhielt aufgeschraubte Stahlplatten a mit aufgeschweißten Teilen b. Letztere nehmen mit hochvergütetem Buchenholz ver-

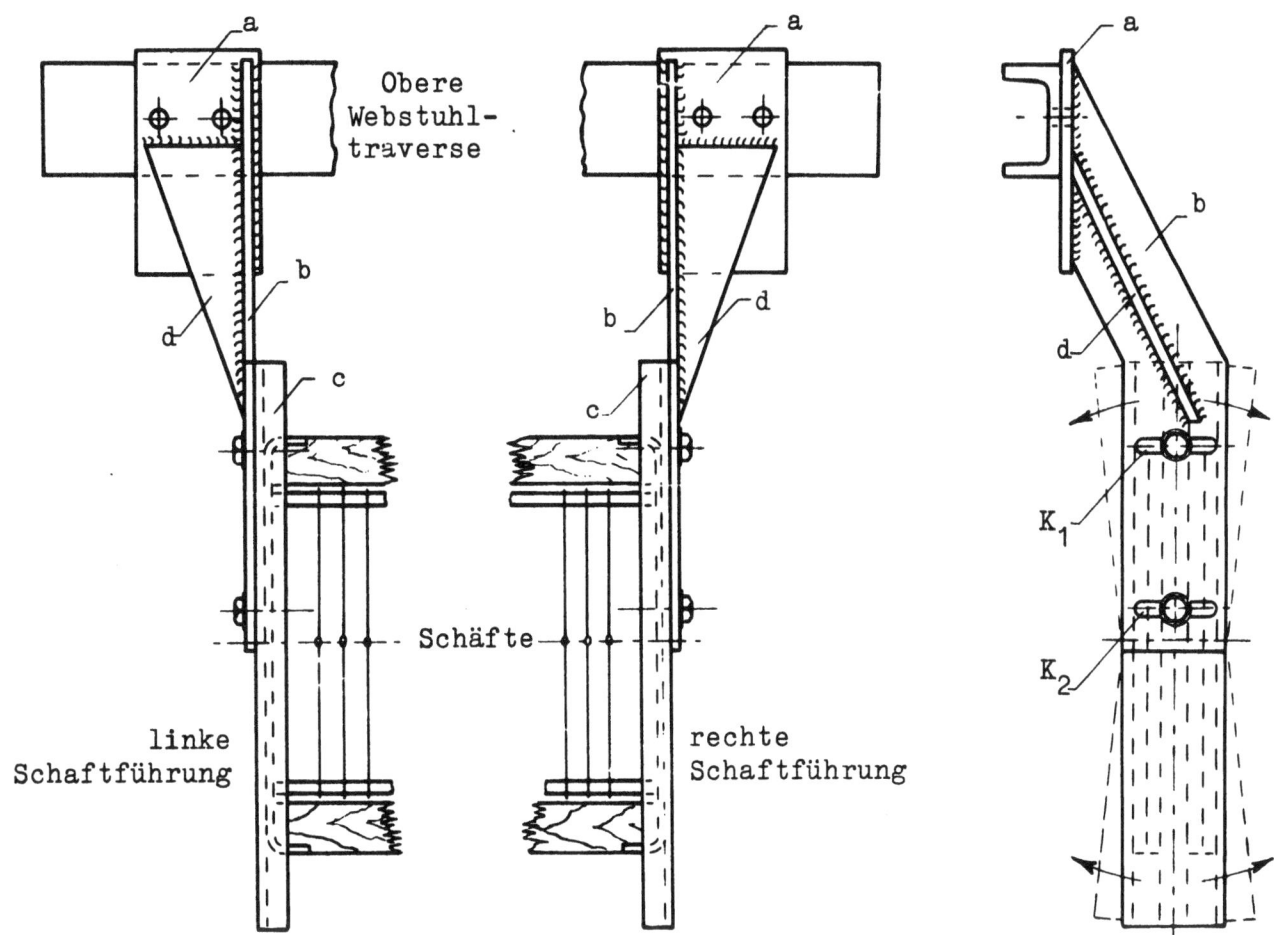

Abbildung 12
Verstellbare Schaftführungen

sehene Schaftführungen c auf, die in ihrer Lage, wie aus der Abbildung ersichtlich, verstellt werden können. Die Verstellung wird durch Kulissen $K_1$ und $K_2$ ermöglicht, die in den Seitenteilen b angebracht sind. Zur Aufnahme seitlich auftretender Kräfte dienen die Dreieckplatten d.

2. Garn- und Gewebedaten

Für die Durchführung der Versuche mit den verschiedenen Schaftstellungen standen 2 Webketten mit folgenden Daten zur Verfügung: Flachsgarn Nm 30, 1/2-gebleicht, Gesamtfadenzahl 2.112, Einstellung im Blatt 88 cm, Fertigbreite 84 cm, Rohwaren-Kettdichte 25 Fd/cm, relative Kettdichte 4,56. Als Schuß wurde in beiden Ketten Flachsgarn Nm 24, 1/2-gebleicht verwebt, bei einer Schußdichte von 24 Fd/cm, entsprechend einer relativen Schußdichte von 4,90.

### 3. Webversuche

Die Versuche wurden an einem Schönherr-Unterschlagwebstuhl für 120 cm Gewebeeinstellbreite durchgeführt. Der Webstuhl war mit einer Innentritteinrichtung für leinwandbindige Ware und einer automatisch arbeitenden Kettennachlaßvorrichtung ausgerüstet. Die Versuche erfolgten bei einer Kurbelwellendrehzahl von 143 U/min. Als Webschäfte dienten Schaftrahmen mit Stahldrahtlitzen.

Die Versuche wurden mit 3 verschiedenen Neigungswinkeln der Schaftbewegungsebenen zur Kette durchgeführt.

Als Normalversuch wurden die Schäfte senkrecht zur Kette bewegt [4]. Bei den beiden anderen Versuchen waren die Ebenen der Schaftbewegung um je 6° in beiden Richtungen von der Senkrechten abgelenkt, und zwar gemessen an den Litzenaugen bei Schaftgleichstand. Während der Webversuche wurden die mit der Schafteinstellung in Zusammenhang stehenden Stillstände nach folgenden Gesichtspunkten registriert:

Kettfadenbrüche durch:

        Anspinner
        Knoten
        Schäben
        Dicke Stellen
        Dünne Stellen

Störungen durch Webnester

Störungen im Fach

Für jeden Versuch wurde eine Beobachtungszeit von einer Woche festgelegt. Während dieser Zeit wurde die Zahl der Stillstände und die geleistete Gesamtschußzahl ermittelt. Um vergleichbare Werte für die Stillstandshäufigkeiten der einzelnen Versuche zu erhalten, wurden sie auf 100.000 Schuß umgerechnet. Auf die Errechnung der Webstuhlwirkungsgrade und auch der Kettwirkungsgrade wurde verzichtet, da aus der Gesamtzahl obiger Stillstände bereits eindeutig der Einfluß der Schaftstellung hervorgeht. Relative Luftfeuchtigkeit und Temperatur blieben innerhalb der Versuchszeit in normalen Grenzen.

---

[4] Tatsächlich wurde eine kleine Abweichung von der Senkrechten aus Zweckmäßigkeitsgründen vorgenommen. Hierüber berichtet Abschnitt B,6

Forschungsberichte des Wirtschafts- und Verkehrsministeriums Nordrhein-Westfalen

### 4. Gewebeprüfung

Unter Beachtung der Vorschriften DIN 53 801 wurde die Festigkeit der stuhlrohen Gewebe geprüft. Außerdem wurde die Festigkeit der aus den Geweben herauspräparierten Kettfäden festgestellt. Der Vergleich mit der Ausgangsfestigkeit des geschlichteten Kettgarns ermöglichte die Ermittlung der eingetretenen Festigkeitsverluste.

### 5. Versuchsergebnisse

a) W e b v e r s u c h e

Die Versuche mit verschiedenen Schafteinstellungen mußten aus betrieblichen Gründen auf zwei Webketten verteilt werden. Wie aus Abschnitt B,2 zu ersehen, wurden sowohl für Kette I als auch für Kette II dieselben Garnnummern und Einstellungen gewählt. Es fand eine Aufteilung der Versuche derart statt, daß mit beiden Ketten jeweils ein Versuch bei Normalstellung der Schäfte (senkrechte Führung) vorgenommen wurde. An Kette I wurde der Einfluß einer im Uhrzeigersinn um 6° gegen die Senkrechte geneigten Schaftbewegungsrichtung ermittelt und an Kette II die Wirkung einer von der Senkrechten entgegen dem Uhrzeigersinn um 6° ausgelenkten Schaftbewegung.

Tabelle 16 enthält für die beiden verarbeiteten Flachsgarnketten die bei den verschiedenen Schaftbewegungsrichtungen aufgenommenen Häufigkeiten der Stillstände durch Kettfadenbrüche, durch Störungen im Fach und durch Webnester, bezogen auf 1oo.000 Schuß.

Eine Gegenüberstellung der erhaltenen Versuchswerte ergibt hinsichtlich der Kettfadenbrüche einen Unterschied zu Gunsten der praktisch senkrecht geführten Schäfte. Kette I hatte dabei 57 Kettfadenbrüche gegen 61 bei einer im Uhrzeigersinn um 6° gegen die Senkrechte ausgelenkten Schaftführung und Kette II 29 Fadenbrüche gegen 34 bei einer Schaftführung, die gegen die Senkrechte um 6° entgegen dem Uhrzeigersinn geneigt war. Die höhere Kettfadenbruchzahl bei den geneigten Schaftführungen ist in der Hauptsache auf ein häufigeres Reißen dünner und dicker Garnstellen zurückzuführen. Störungen im Webfach und auch das Auftreten von Webnestern lassen keine besonderen Schlüsse zu.

Der Unterschied in der Häufigkeit der Kettfadenbrüche war bei den vorstehenden Versuchen nicht sehr erheblich. Es rührt dies von der weniger

## Tabelle 16

### Stillstände je 1oo.ooo Schuß

| Schaftstellung | Kette I senkrecht | Kette I 6° im U.-Sinn | Kette II senkrecht | Kette II 6° geg. U.-Sinn |
|---|---|---|---|---|
| Kettfadenbrüche durch: | | | | |
| Anspinner | - | 2 | 1 | - |
| Knoten | 2o | 14 | 1o | 9 |
| Schäben | - | - | - | - |
| Dicke Stellen | 22 | 27 | 1o | 12 |
| Dünne Stellen | 15 | 18 | 8 | 13 |
| Kettfdbr. insgesamt | 57 | 61 | 29 | 34 |
| Störungen im Fach | - | - | 1 | - |
| Webnester | 3 | 1 | 1 | 3 |

dichten Gewebeeinstellung und einer damit verbundenen geringen Kettfadenspannung her.

b) G e w e b e

Je Versuch wurden 1o Streifen der stuhlrohen Gewebe in Kettrichtung unter Beachtung der Vorschriften DIN 53 8o1 auf Festigkeit untersucht.

Die Ergebnisse dieser Festigkeitsprüfungen sind in Tabelle 17 wiedergegeben. Sie zeigen bei Kette I und Kette II in einem geringen Maße bessere Werte für die Gewebe, die bei Normalführung gewebt wurden. Die Reißwerte sind bei Kette I um ca. 1,2 % und bei Kette II um ca. o,3 % günstiger.

Das Ergebnis der Festigkeitsuntersuchung deckt sich somit mit den Beobachtungen hinsichtlich der Kettfadenbruchhäufigkeit.

Um bei den gefundenen geringen Unterschieden in der Gewebefestigkeit in der Schlußfolgerung sicher zu gehen, wurde auch die Reißfestigkeit von aus den Gewebestreifen herauspräparierten Fäden im Vergleich zu der Ausgangsgarnfestigkeit des verwendeten Kettgarnes festgestellt. Tabelle 3

Forschungsberichte des Wirtschafts- und Verkehrsministeriums Nordrhein-Westfalen

Tabelle 17

Gewebefestigkeit in Kettrichtung

| Schaftstellung | Kette I | | Kette II | |
|---|---|---|---|---|
| | senkrecht | 6° im U.-Sinn | senkrecht | 6° geg. U.-Sinn |
| Gewebefestigkeit kg | 83,6 | 82,6 | 88,7 | 88,4 |

Tabelle 18

Kettgarnfestigkeiten

| Schaftstellung | Kette I | | Kette II | |
|---|---|---|---|---|
| | senkrecht | 6° im U.-Sinn | senkrecht | 6° geg. U.-Sinn |
| Kettgarnfestigkeit vor dem Weben g nach dem Weben g | 756 554 | 756 529 | 773 6o5 | 773 589 |
| Garnfestigkeitsverlust g % | 2o2 26,7 | 227 3o,0 | 168 21,7 | 184 23,8 |

zeigt die hierbei ermittelten Werte aus je 12o Garnreißungen nach DIN 53 8o1.

Die Ergebnisse der Kettgarnuntersuchungen decken sich ebenfalls wieder mit den Daten der Gewebefestigkeitsuntersuchungen und den Stillstandshäufigkeiten durch Kettfadenbrüche. Bei Kette I liegen die Garnfestigkeitsverluste bei senkrechter Schafteinstellung um 3,3 und bei Kette II um 2,1 Prozentpunkte besser gegenüber der um 6° verstellten Schäfte.

Wenn auch bei der Herstellung der beschriebenen Leinengewebe infolge geringer Einstellungsdichte die Unterschiede bezüglich Kettfadenbruchhäufigkeit, Gewebefestigkeit und Kettgarnfestigkeit nicht sehr erheblich waren, hat der Versuch doch eindeutig gezeigt, daß die Schaftstellung sich auf den Wirkungsgrad und auf die Gewebefestigkeit auswirken kann, und daß es zweckmäßig ist, der Frage der Schaftbewegungsrichtung Beachtung zu schenken.

## 6. Darstellung der Schaftbewegung und der Kettspannungsverhältnisse bei verschiedenen Schaftbewegungsrichtungen

Die erzielten Ergebnisse hinsichtlich des Beanspruchungsgrades der Kettfäden, der sich in den Werten der Kettfadenbruchhäufigkeit, der Gewebereißkraft und der Garnfestigkeitsverluste widerspiegeln, lassen sich durch Überlegungen bestätigen, welche die Fadenspannungs- und -dehnungsverhältnisse bei der Schaftbewegung in den drei untersuchten Fällen zum Inhalt haben. So behandelt z.B. M. MICHELITSCH in seiner Arbeit "Beitrag zur Fachbildung in der Tritt- und Schaftmaschinenweberei", Textil-Praxis 1949, S. 493 - 497 die vorteilhafte gleitfreie Kettaushebung bei der Fachbildung. Verfasser kommt zu der Erkenntnis, daß die Aushebung der Kettfäden ohne Gleitung in den Litzenaugen am ehesten dann erfolgt, wenn die bei Offenfachstellung entstehenden Winkel der ausgelenkten Kettfäden von der Bewegungsrichtung der Schäfte gerade halbiert werden. Dieses ist bei gleicher Länge von Vorder- und Hinterfach theoretisch die Senkrechte zur Fläche der Kette bei Schaftgleichstand. Die praktischen Verhältnisse (Vorliegen von 2 Schaftpaaren), und die Besonderheiten an dem zu den Versuchen herangezogenen Webstuhl (unsymmetrisches Fach durch Weben im Sack, unterschiedliche Fachlängen durch die Verwendung von Teilstäben) bringen es nun mit sich, daß die erwähnten Winkel der ausgehobenen Fäden bei den beiden Offenfachstellungen weder einander gleich sind, noch daß ihre Halbierung eine einheitliche Richtung der Schaftbewegung ergibt. Der zu wählende Kompromiß schließt eine kleine Abweichung von der nach der senkrechten Richtung ein. Abbildung 13 zeigt diese Verhältnisse. Die Ebenen der Schaftbewegung, die am ehesten den vorstehend genannten Bedingungen einer gleitfreien Aushebung der Fäden entsprechen, sind gegen die Senkrechte um $1°$, also unbedeutend geneigt und können praktisch als Senkrechte angesehen werden. Abgesehen von den Abweichungen, die sich bei den einzelnen Schaftstellungen aus den bereits angegebenen Gründen ergeben, halbiert die Richtung der Schaftbewegung die von den ausgelenkten Fäden gebildeten Winkel $\alpha_1$ und $\alpha_2$. Wird nun eine bestimmte, etwa durch Anlegen eines Dynamometers in Richtung der Litzenbewegung gemessene Zugkraft in den Kettfäden z.B. mit 30 g angenommen, so zeigen die Kräfteparallelogramme, daß sich in den Fadenstücken vor und hinter den Augen - wiederum von den geschilderten kleinen Abweichungen abgesehen - gleich große Komponentenkräfte einstellen. Sie wurden bei der Offenfachstellung I mit 134 bzw. 79 g, bei der Offenfachstellung II mit 93 bzw. 61 g graphisch ermittelt.

Die beiderseits des Fadenauges gleichen Kräfte bewirken in den entsprechenden Fadenstücken auch gleich große Längungen durch die natürliche Dehnungsfähigkeit der Fäden. Weiterhin ist bei der Schaftführung nach Abbildung 13 infolge der praktisch vorhandenen Symmetrie einleuchtend, daß der Mehrbedarf an Länge bei der Aushebung der Fäden beiderseits der Augen gleich ist und durch die beiderseits eingetretenen gleich großen Dehnungen von den betr. Fadenstücken für sich aufgebracht wird, und daß deshalb ein Wandern der Fäden im Auge nicht eintritt, oder zumindest auf ein Minimum reduziert ist.

Abbildung 14 entspricht dem durchgeführten Versuch, bei dem die Bewegungsebene - von der Antriebsseite auf den Stuhl gesehen - um $6°$ im Uhrzeigersinn gegenüber der Senkrechten ausgelenkt ist (obere Schaftleisten zum Streichbaum geneigt). Hier ist die Symmetrie nicht mehr aufrecht erhalten, da die ausgelenkten Fäden von der Bewegungsrichtung nicht mehr halbiert werden. Die Kräfteparallelogramme zeigen bei einer Druckkraft der Fäden auf die Litze, die wiederum mit 30 g angenommen ist, ungleiche Spannungen in den Fadenstücken vor und hinter den Augen. Diese betragen in der Offenfachstellung I 133 g vorn gegen 129 hinten bzw. 78 g vorn gegen 81 hinten und in der Offenfachstellung II 94 g vorn gegen 91 g hinten und 58 g vorn gegen 63 g hinten. Die weggefallene Symmetrie bewirkt, daß der Längenmehrbedarf bei der Aushebung in den einzelnen Fadenstücken verschieden ist. Diese Verschiedenheit wird insbesondere dann zu einem Rutschen der Fäden in den Litzenaugen führen, wenn es sich, wie bei Leinengarnen, um ein wenig dehnungsbereites Gut handelt, welches die Längenbedarfsunterschiede nicht durch die in diesem Fall auch unterschiedlichen Dehnungen der Fadenstücke mühelos ausgleicht. Das Rutschen der Fäden in den Litzenaugen und die dadurch eintretende Scheuerwirkung haben erhöhte Beanspruchung des Materials zur Folge.

Ähnlich liegen die Verhältnisse bei dem Versuch, bei welchem die Ebene der Schaftbewegung gegen die Senkrechte um $6°$ entgegen dem Uhrzeigersinn ausgelenkt war (obere Schaftleisten zum Weberstand ausgelenkt). Ohne die graphische Darstellung zu zeigen, sei gesagt, daß hierbei die Stellungen wie folgt waren: Offenfach I 131 g vorn gegen 134 g hinten bzw. 79 g vorn gegen 76 g hinten, bei der Offenfachstellung II 93 g vorn gegen 97 g hinten bzw. 61 g vorn gegen 59 g hinten, wiederum unter der Voraussetzung einer Fadenbelastung auf die Litzenaugen von 30 g.

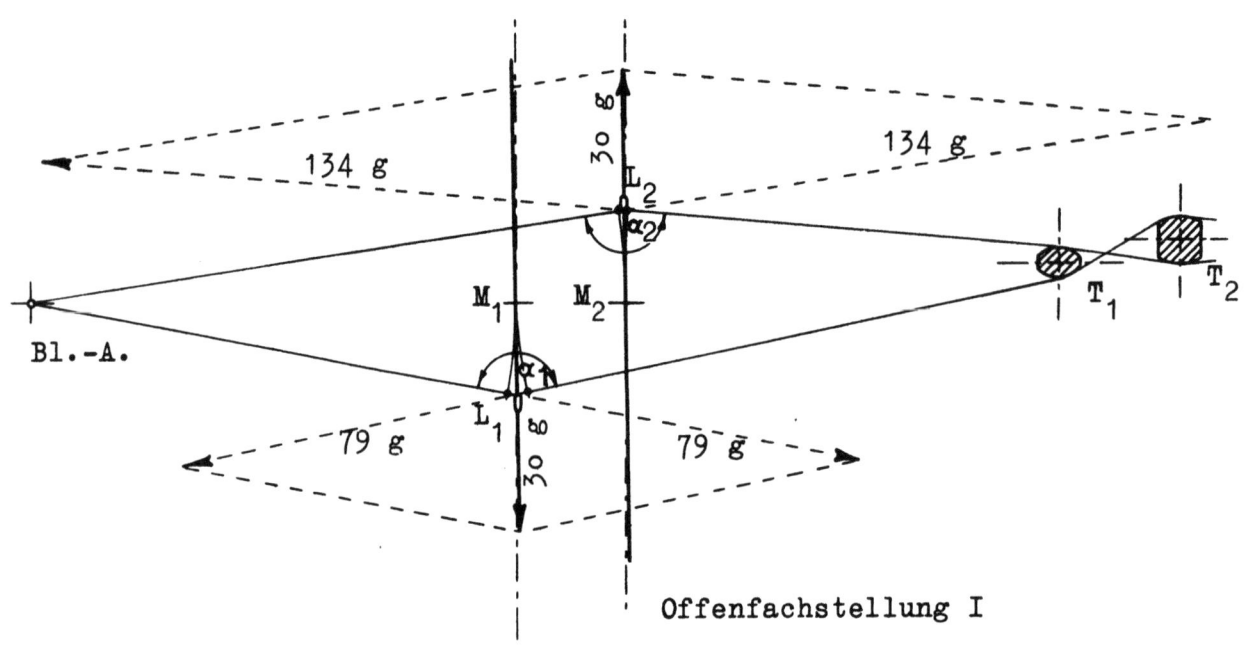

Offenfachstellung I

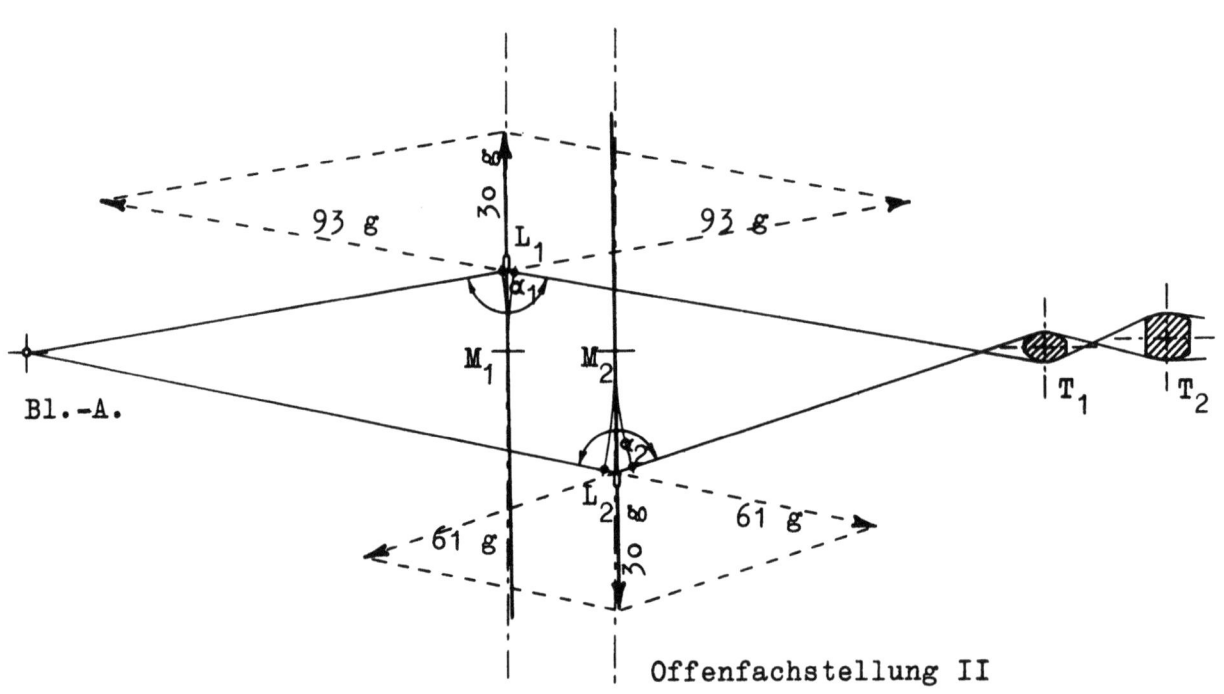

Offenfachstellung II

Abbildung 13

Kettfadenspannungsverhältnisse bei prakt. senkrechter Schaftführung
(Abweichung gegen die Senkrechte um 1° gegen Uhrzeigersinn)

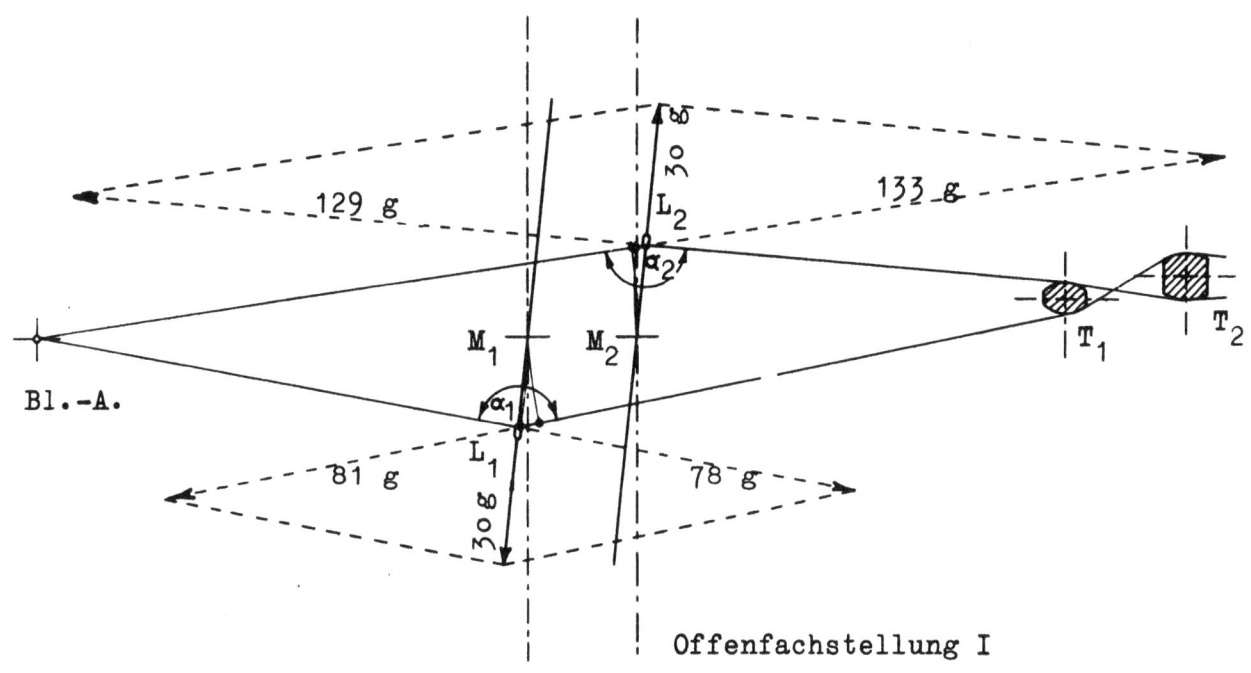
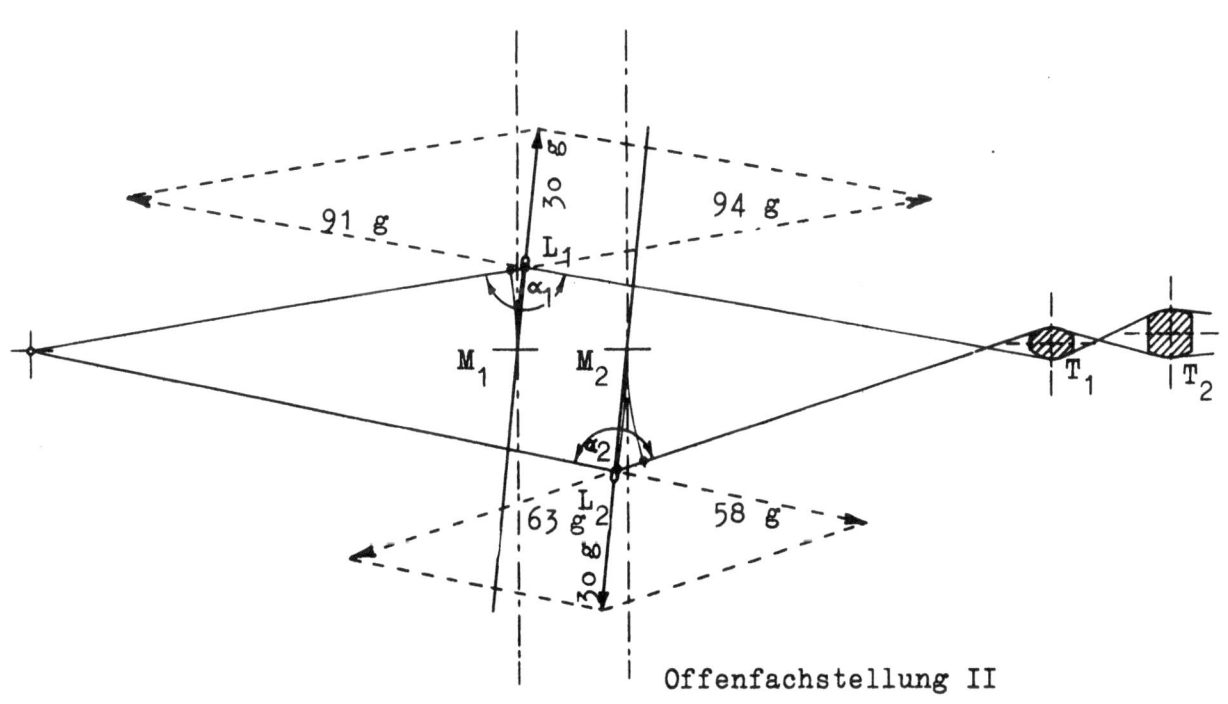

Abbildung 14

Kettfadenspannungsverhältnisse bei geneigter Schaftführung gegen die Senkrechte um 6° im Uhrzeigersinn

Es ergibt sich also aus diesen Betrachtungen eine Bestätigung der im praktischen Webbetrieb gemachten Beobachtungen hinsichtlich Kettfadenbruchhäufigkeit und Gewebequalität dahingehend, daß eine senkrechte Bewegung der Schäfte entsprechend einer Bewegungsrichtung, die als Halbierende der Fadenwinkel gelten kann, der gleitfreien Aushebung und damit der größeren Schonung der Kettfäden am ehesten entgegenkommt.

An dieser Stelle muß allerdings darauf hingewiesen werden, daß die gefundenen Verhältnisse nicht verallgemeinert werden dürfen. Die Fachverhältnisse bei den Versuchen waren derart, daß die Vorderfachlänge praktisch der Hinterfachlänge entsprach. Dabei erfolgt die gleitfreie Litzenbewegung, d.h. jene, bei der in jedem Stadium der Fadenaushebung der Längenmehrbedarf in den Fadenstücken beiderseits der Augen gleich groß ist, auf einer geraden Bahn, in Richtung der Winkelhalbierenden. Anders liegen die Verhältnisse, wenn Vorderfach- und Hinterfachlänge verschieden sind. In diesem Falle muß der Längenmehrbedarf beiderseits der Augen zur Erzielung der gleitfreien Aushebung in demselben Verhältnis verschieden sein wie die Teillängen des Faches. Dieses kann erzielt werden, wenn die Weblitzenaugen auf Kreisbahnen bewegt werden, wie dies auch in dem Bericht von M. MICHELITSCH dargestellt ist. Die Radien dieser idealen Kreisbahnen lassen sich nach der Formel errechnen:

$$r = \frac{H \cdot V}{H - V}$$

wobei V die Vorderfachlänge und H die Hinterfachlänge sind. Bei V = H, d.h. bei gleicher Länge von Vorder- und Hinterfach wird $r = \infty$ und damit aus der Kreisbahn - wie bereits dargestellt - eine Gerade.

In Abbildung 15 sind für einige unterschiedliche Vorder- und Hinterfachlängen die in Betracht kommenden idealen Litzenbahnen eingetragen.

Bei der heutigen Bauweise der Webstühle ist es nicht ohne weiteres möglich, die Webschäfte gemäß den in der Zeichnung dargestellten und für das Weben mit unterschiedlichen Vorder- und Hinterfachlängen in Frage kommenden Kurvenbahnen zu führen. Es bleibt nichts übrig, als sie in angenäherten geraden Schrägrichtungen zu bewegen und diese Richtungen hätten wiederum die Halbierenden der in Ober- und Unterfach von den ausgehobenen Kettfäden gebildeten Winkel zu geben. Sie sind in der Zeichnung gestrichelt eingetragen. Es ist ersichtlich, daß sich dabei für Ober- und Unterfach Bahnen ergeben würden, die eine gebrochene Linie der

**Forschungsberichte des Wirtschafts- und Verkehrsministeriums Nordrhein-Westfalen**

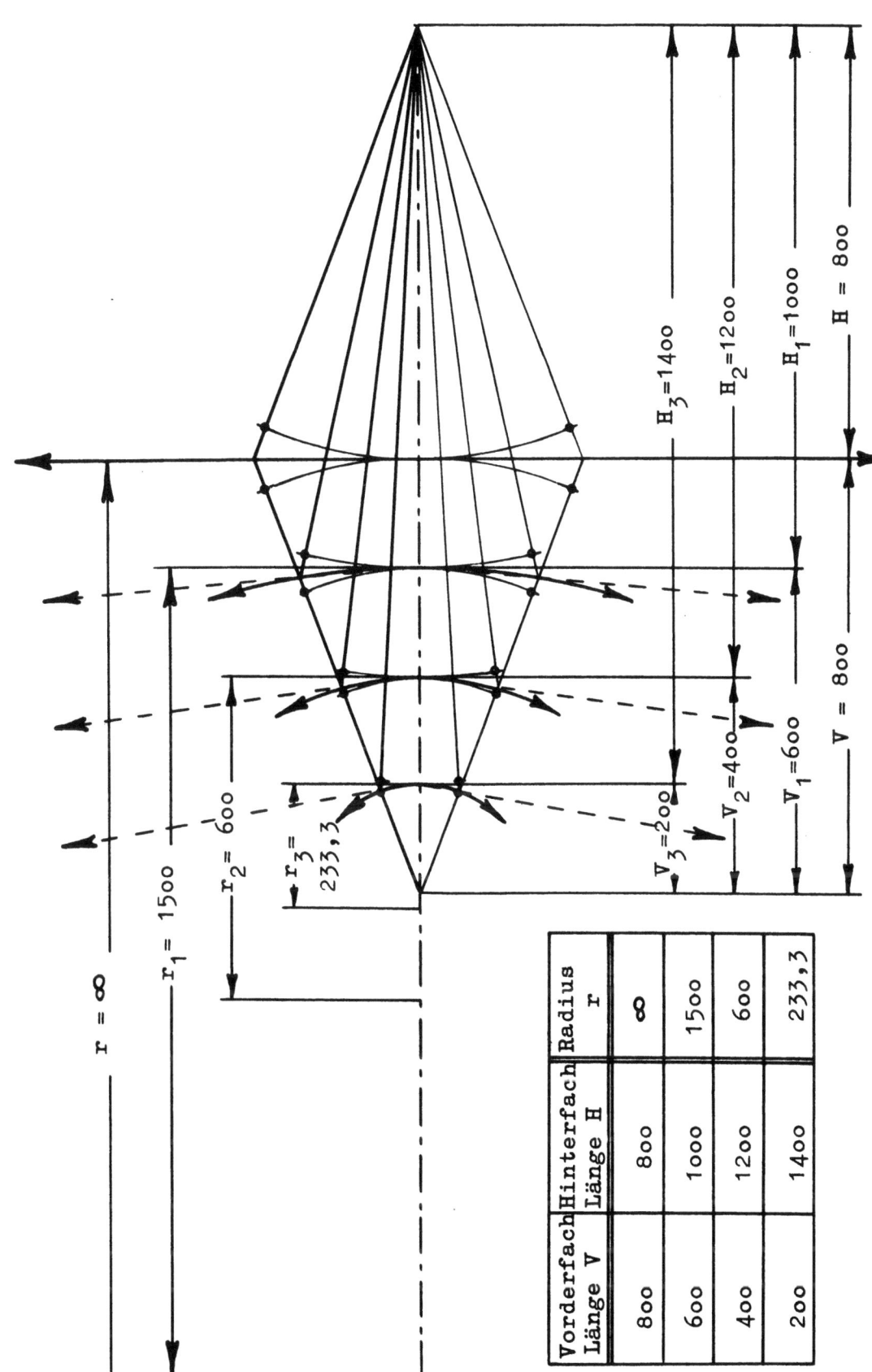

Abbildung 15

Günstigste Schaftführungen bei unterschiedlichen Vorder- und Hinterfachlängen

Gesamtführung bilden, eine Lösung, die natürlich ebenfalls als illusorisch zu bezeichnen ist. Je nachdem, ob die eine oder die andere Richtung der gebrochenen Bahn für eine praktische Führung der Schäfte angesetzt würde, würden sich entweder im Ober- oder im Unterfach ungünstige Verhältnisse ergeben.

Nun ist aber in der Praxis meistens eine unterschiedliche Größe von Ober- und Unterfach vorhanden. Das Oberfach wird vielfach höher ausgehoben und dementsprechend treten dort größere Spannungen auf. In dem Falle wird einer idealen Bewegungsbahn im Oberfach der Vorzug gegeben, und für gewisse Verhältnisse wird die Errechnung der Bahn, wie in Abbildung 15 gezeigt, doch von Interesse sein, allerdings bei unterschiedlichen Vorder- und Hinterfachlängen nur eben unter einer Vernachlässigung der Verhältnisse im kleineren Unterfach.

## Zusammenfassung

Zur Beurteilung der Eignung von Weblitzen für die Leinengarnverarbeitung wurden experimentelle und praktische Untersuchungen durchgeführt. Weiterhin wurden vergleichende Webversuche mit verschiedenen Schaftbewegungsrichtungen, bezogen auf die Ebene der Kette bei Geschlossenfach angestellt.

Für die <u>experimentellen Weblitzen-Untersuchungen</u> wurde vom TWB-Bastfaser eigens ein in diesem Bericht beschriebenes Prüfgerät konstruiert, das die Wirkung der Litzen auf das Garn unter Ausschaltung anderweitig herrührender Beanspruchungen festzustellen erlaubte.

Die Prüfung auf dem Litzenprüfgerät erfolgte unter Einsatz von Flachsgarn Nm 30, 1/2-gebleicht bei 27,4 Fd/cm, Flachsgarn Nm 18, 1/2-gebleicht bei 21,2 Fd/cm und Flachswerggarn Nm 12, 1/2-gebleicht bei 17,3 Fd/cm, in allen Fällen also entsprechend der relativen Dichte 5,0. Unter Berücksichtigung der aufgetretenen Fadenbrüche wurden die auf dem Prüfgerät behandelten Fäden auf ihre Festigkeit im Vergleich zu unbehandeltem Garn untersucht. Die ermittelte Festigkeitsdifferenz ergab die Kennzeichnung für die Scheuerwirkung der untersuchten Litzen.

Die Prüfung zahlreicher Litzenarten und -formen ergab eindeutig, daß <u>Stahldrahtlitzen</u> einen <u>geringeren</u> <u>Festigkeitsverlust</u> der Kettfäden verursachen als <u>Flachstahllitzen,</u> die erheblich schlechter abschneiden.

Offenbar wirkt sich hierbei die größere Biegsamkeit der Stahldrahtlitzen günstig aus. Nennenswerte, durch die Ausbildung des Fadenauges bei den Stahldrahtlitzen hervorgerufene Unterschiede treten in den Ergebnissen nicht hervor. Auch die geprüften Zwirnlitzen erwiesen sich als den Stahldrahtlitzen unterlegen, während sie im Vergleich zu den Flachstahllitzen unterschiedliche Ergebnisse im Bezug auf die Fadenbeanspruchung aufzuweisen haben. Allerdings ist zu beachten, daß bei der Prüfung der Zwirnlitzen gegebenenfalls auch ihre willkürliche, wenn auch möglichst gleichmäßig eingestellte Spannung eine Rolle spielte, ein Faktor, der bei den Stahllitzen in geschlossenem Schaftrahmen ausgeschaltet war.

Während das eingesetzte Litzenprüfgerät sich für die Ermittlung der Scheuerbeanspruchung und des damit hervorgerufenen Festigkeitsverlustes der Kettgarne durch die Litzen als gut geeignet erwies, mußten zur Feststellung des Verhaltens verschiedener Litzenarten und -formen bei der Fachbildung praktische Webversuche in Aussicht genommen werden. Wie in diesem Bericht beschrieben, wurden sie unter Einsatz von Weblitzen aus Stahldraht und Flachstahl unterschiedlicher Länge durchgeführt. Dabei wurden Stahldrahtlitzen mit verschiedener Ausführung der Augen und unterschiedlicher Teilung der Länge durch die Augen in die Versuche einbezogen. Diese wurden gleichzeitig mit Flachsgarn $Ne_L$ 35 und Flachswerggarn $Ne_L$ 20 bei Herstellung leinwandbindiger Gewebe, rel. Dichte = 4,o auf zwei gesonderten Webstühlen vorgenommen. In jeder Versuchsreihe waren zwei verschiedene Litzenarten im Geschirr gleichzeitig im Einsatz. Auf gleichmäßige Webverhältnisse wurde geachtet. Festgestellt wurden die von der Kette herrührenden Stillstände je 1oo.ooo Schuß, die Gewebefestigkeiten in Kettrichtung, sowie die Festigkeitsverluste der Kettgarne durch den Webvorgang.

Die praktischen Webversuche bestätigten die experimentellen Untersuchungen, wonach Stahldrahtlitzen schonender auf das Kettgarn wirken als Flachstahllitzen gleicher Länge. Demgegenüber zeigt sich aber deutlich, daß die Flachstahllitzen im Bezug auf die Kettfadenbruchhäufigkeit eindeutige Vorteile aufweisen. Dieses ist darauf zurückzuführen, daß die steifere Flachstahllitze offenbar eine bessere Trennung der mit Unregelmäßigkeiten behafteten Leinenkettfäden im Hinterfach bewirkt.

Längere Litzen wirken sich auf die Kettfadenbruchzahl günstig aus. Im Bezug auf die Erhaltung der Garnfestigkeit kann diesbezüglich aufgrund der Untersuchungsergebnisse eine eindeutige Aussage nicht gemacht werden.

Die Gegenüberstellung von <u>Stahldrahtweblitzen mit symmetrischer und unsymmetrischer</u> Lage der Augen im Bezug auf die Litzenlänge läßt eine völlige Übereinstimmung der Versuchsergebnisse mit Flachs- und Flachswerggarn nicht herbeiführen.

<u>Stahldrahtlitzen mit einfachen gedrehten Augen</u> bringen <u>geringere Kettfadenbruchhäufigkeiten.</u> Demgegenüber lassen die <u>Litzen mit eingesetzten Maillons</u> den Kettfäden <u>mehr Schonung</u> angedeihen.

Die Webversuche zeigten den großen <u>Einfluß</u> durch Fadenreibung <u>geschädigter Litzenaugen auf Kettfadenbrüche und Garnfestigkeitsverluste.</u> Diese Feststellung ergab sich bei dem Vergleich fabrikneuer Litzen mit einfachem Auge gegenüber solchen, die 3/4 - 1 Jahr im Betrieb gewesen sind. Die Gefahr der Beschädigung ist bei dieser Litzenausführung größer als bei solchen mit eingesetzten Augen.

Die Untersuchungen mit <u>verschiedenen Schaftbewegungsrichtungen</u> wurden an <u>Flachsgarnketten</u>, Nm 30, 1/2-weiß, durchgeführt. Die Webschäfte erhielten zu diesem Zweck seitliche, in Kulissen verstellbare Führungen, die ihre Bewegung in den festgelegten Ebenen ermöglichen. Zur Beurteilung der Vor- und Nachteile der einzelnen Schaftstellungen wurden die ermittelten <u>Kettfadenbruchhäufigkeiten</u>, die erzielten <u>Gewebefestigkeiten</u> und die festgestellten <u>Festigkeitsverluste</u> der aus den Versuchsgeweben herauspräparierten Kettfäden gegenüber der Ausgangsfestigkeit herangezogen.

Die Versuchsergebnisse zeigen, daß die <u>günstigsten Verhältnisse</u> im Bezug auf die <u>Schonung der Kettgarne,</u> d.h. deren Aushebung mit einem Minimum an Scheuerwirkung in den Litzenaugen erzielt werden, wenn die Bewegung der <u>Schäfte in Richtung einer Halbierenden der von den Kettfäden bei Offenfach gebildeten Winkel</u> erfolgt. Dieses ist bei gleichen Längen von Vorder- und Hinterfach praktisch die senkrechte Richtung zum Geschlossenfach. Eine abweichende <u>Bewegungsrichtung der Schäfte</u> läßt in den Kettfadenstücken vor und hinter den Litzenaugen unterschiedliche Spannungen und einen verschieden großen Längenmehrbedarf bei der Aushebung entstehen, was bei wenig dehnungsbereitem Material zu einer <u>Bewegung der Fäden in den Litzenaugen</u> und damit zu einer Scheuerbeanspruchung des Garns führt.

Diese Feststellung wurde sowohl hinsichtlich der beobachteten Kettfadenbruchhäufigkeit als auch hinsichtlich der Güte der Ware (Gewebefestigkeit und Festigkeitsverluste in den Fäden) gemacht. Zwar waren die festgestellten Abweichungen der genannten Werte relativ gering, doch werden sie bei der Herstellung schwerer Gewebe, bei denen höhere Fadenbeanspruchungen in Frage kommen, oder bei empfindlichen Waren vermutlich nachdrücklicher ins Gewicht fallen.

Anhand der heute vorliegenden Erkenntnisse über die Spannungs- und Bewegungsverhältnisse der Kettfäden im Webstuhl konnten die erhaltenen Versuchsergebnisse erläutert werden.

Für die Betriebsversuche hatten sich die Firmen A.W. Kisker, Bielefeld und Carl Weber & Co. GmbH., Oerlinghausen, zur Verfügung gestellt und unsere Arbeiten weitgehend unterstützt. Geschirre und Litzen sind uns kostenlos von der Firma C.C. Egelhaaf, Reutlingen-Betzingen, zur Verfügung gestellt worden. Diesen Firmen sei für die Förderung unserer Arbeiten unser Dank ausgesprochen.

Dipl.-Ing. W. ROHS, Bielefeld<br>
Text.-Ing. H. GRIESE, Bielefeld

# FORSCHUNGSBERICHTE
## DES WIRTSCHAFTS- UND VERKEHRSMINISTERIUMS
## NORDRHEIN-WESTFALEN

Herausgegeben von Staatssekretär Prof. Leo Brandt

Heft 1:
Prof. Dr.-Ing. E. Flegler, Aachen
Untersuchungen oxydischer Ferromagnet-Werkstoffe

Heft 2:
Prof. Dr. W. Fuchs, Aachen
Untersuchungen über absatzfreie Teeröle

Heft 3:
Techn.-Wissenschaftl. Büro für die Bastfaserindustrie, Bielefeld
Untersuchungsarbeiten zur Verbesserung des Leinenwebstuhls

Heft 4:
Prof. Dr. E. A. Müller und Dipl.-Ing. H. Spitzer, Dortmund
Untersuchungen über die Hitzebelastung in Hüttebetrieben

Heft 5:
Dipl.-Ing. W. Fister, Aachen
Prüfstand der Turbinenuntersuchungen

Heft 6:
Prof. Dr. W. Fuchs, Aachen
Untersuchungen über die Zusammensetzung und Verwendbarkeit von Schwelteerfraktionen

Heft 7:
Prof. Dr. W. Fuchs, Aachen
Untersuchungen über emsländisches Petrolatum

Heft 8:
M. E. Meffert und H. Stratmann, Essen
Algen-Großkulturen im Sommer 1951

Heft 9:
Techn.-Wissenschaftl. Büro für die Bastfaserindustrie, Bielefeld
Untersuchungen über die zweckmäßige Wicklungsart von Leinengarnkreuzspulen unter Berücksichtigung der Anwendung hoher Geschwindigkeiten des Garnes
Vorversuche für Zetteln und Schären von Leinengarnen auf Hochleistungsmaschinen

Heft 10:
Prof. Dr. W. Vogel, Köln
„Das Streifenpaar" als neues System zur mechanischen Vergrößerung kleiner Verschiebungen und seine technischen Anwendungsmöglichkeiten

Heft 11:
Laboratorium für Werkzeugmaschinen und Betriebslehre, Technische Hochschule Aachen
1. Untersuchungen über Metallbearbeitung im Fräsvorgang mit Hartmetallwerkzeugen und negativem Spanwinkel
2. Weiterentwicklung des Schleifverfahrens für die Herstellung von Präzisionswerkstücken unter Vermeidung hoher Temperaturen
3. Untersuchung von Oberflächenveredlungsverfahren zur Steigerung der Belastbarkeit hochbeanspruchter Bauteile

Heft 12:
Elektrowärme-Institut, Langenberg (Rhld.)
Induktive Erwärmung mit Netzfrequenz

Heft 13:
Techn.-Wissenschaftl. Büro für die Bastfaserindustrie, Bielefeld
Das Naßspinnen von Bastfasergarnen mit chemischen Zusätzen zum Spinnbad

Heft 14:
Forschungsstelle für Acetylen, Dortmund
Untersuchungen über Aceton als Lösungsmittel für Acetylen

Heft 15:
Wäschereiforschung Krefeld
Trocknen von Wäschestoffen

Heft 16:
Max-Planck-Institut für Kohlenforschung, Mülheim a. d. Ruhr
Arbeiten des MPI für Kohlenforschung

Heft 17:
Ingenieurbüro Herbert Stein, M. Gladbach
Untersuchung der Verzugsvorgänge in den Streckwerken verschiedener Spinnereimaschinen. 1. Bericht: Vergleichende Prüfung mit verschiedenen Dickenmeßgeräten

Heft 18:
Wäschereiforschung Krefeld
Grundlagen zur Erfassung der chemischen Schädigung beim Waschen

Heft 19:
Techn.-Wissenschaftl. Büro für die Bastfaserindustrie, Bielefeld
Die Auswirkung des Schlichtens von Leinengarnketten auf den Verarbeitungswirkungsgrad, sowie die Festigkeit und Dehnungsverhältnisse der Garne und Gewebe

Heft 20:
Techn.-Wissenschaftl. Büro für die Bastfaserindustrie, Bielefeld
Trocknung von Leinengarnen I
Vorgang und Einwirkung auf die Garnqualität

Heft 21:
Techn.-Wissenschaftl. Büro für die Bastfaserindustrie, Bielefeld
Trocknung von Leinengarnen II
Spulenanordnung und Luftführung beim Trocknen von Kreuzspulen

Heft 22:
Techn.-Wissenschaftl. Büro für die Bastfaserindustrie, Bielefeld
Die Reparaturanfälligkeit von Webstühlen

Heft 23:
Institut für Starkstromtechnik, Aachen
Rechnerische und experimentelle Untersuchungen zur Kenntnis der Metadyne als Umformer von konstanter Spannung auf konstanten Strom

Heft 24:
Institut für Starkstromtechnik, Aachen
Vergleich verschiedener Generator-Metadyne-Schaltungen in bezug auf statisches Verhalten

Heft 25:
Gesellschaft für Kohlentechnik mbH., Dortmund-Eving
Struktur der Steinkohlen und Steinkohlen-Kokse

Heft 26:
Techn.-Wissenschaftl. Büro für die Bastfaserindustrie, Bielefeld
Vergleichende Untersuchungen zweier neuzeitlicher Ungleichmäßigkeitsprüfer für Bänder und Garne hinsichtlich ihrer Eignung für die Bastfaserspinnerei

Heft 27:
Prof. Dr. E. Schratz, Münster
Untersuchungen zur Rentabilität des Arzneipflanzenanbaues Römische Kamille, Anthemis nobilis L.

Heft 28:
Prof. Dr. E. Schratz, Münster
**Calendula officinalis L. Studien zur Ernährung, Blütenfüllung und Rentabilität der Drogengewinnung** Rentabilität der

Heft 29:
Techn.-Wissenschaftl. Büro für die Bastfaserindustrie, Bielefeld
Die Ausnützung der Leinengarne in Geweben

Heft 30:
Gesellschaft für Kohlentechnik mbH., Dortmung-Eving
Kombinierte Entaschung und Verschwelung von Steinkohle; Aufarbeitung von Steinkohlenschlämmen zu verkokbarer oder verschwelbarer Kohle

Heft 31:
Dipl.-Ing. Störmann, Essen
Messung des Leistungsbedarfs von Doppelsteg-Kettenförderern

Heft 32:
Techn.-Wissenschaftl. Büro für die Bastfaserindustrie, Bielefeld
Der Einfluß der Natriumchloridbleiche auf Qualität und Verwebbarkeit von Leinengarnen und die Eigenschaften der Leinengewebe unter besonderer Berücksichtigung des Einsatzes von Schützen- und Spulenwechselautomaten in der Leinenweberei

Heft 33:
Kohlenstoffbiologische Forschungsstation e. V.
Eine Methode zur Bestimmung von Schwefeldioxyd und Schwefelwasserstoff in Rauchgasen und in der Atmosphäre

Heft 34:
Textilforschungsanstalt Krefeld
Quellungs- und Entquellungsvorgänge bei Faserstoffen

Heft 35:
Professor Dr. W. Kast, Krefeld
Feinstrukturuntersuchungen an künstlichen Zellulosefasern verschiedener Herstellungsverfahren

Heft 36:
Forschungsinstitut der feuerfesten Industrie, Bonn
Untersuchungen über die Trocknung von Rohton
Untersuchungen über die chemische Reinigung von Silika- und Schamotte-Rohstoffen mit chlorhaltigen Gasen

Heft 37:
Forschungsinstitut der feuerfesten Industrie, Bonn
Untersuchungen über den Einfluß der Probenvorbereitung auf die Kaltdruckfestigkeit feuerfester Steine

Heft 38:
Forschungsstelle für Acetylen, Dortmund
Untersuchungen über die Trocknung von Acetylen zur Herstellung von Dissousgas

Heft 39:
Forschungsgesellschaft Blechverarbeitung e. V., Düsseldorf
Untersuchungen an prägegemusterten und vorgelochten Blechen

Heft 40:
Landesgeologe Dr.-Ing. W. Wolff, Amt für Bodenforschung, Krefeld
Untersuchungen über die Anwendbarkeit geophysikalischer Verfahren zur Untersuchung von Spateisengängen im Siegerland

Heft 41:
Techn.-Wissenschaftl. Büro für die Bastfaserindustrie, Bielefeld
Untersuchungsarbeiten zur Verbesserung des Leinenwebstuhles II

Heft 42:
Professor Dr. B. Helferich, Bonn
Untersuchungen über Wirkstoffe — Fermente — in der Kartoffel und die Möglichkeit ihrer Verwendung

Heft 43:
Forschungsgesellschaft Blechverarbeitung e. V., Düsseldorf
Forschungsergebnisse über das Beizen von Blechen

Heft 44:
Arbeitsgemeinschaft für praktische Dehnungsmessung, Düsseldorf
Eigenschaften und Anwendungen von Dehnungsmeßstreifen

Heft 45:
Losenhausenwerk Düsseldorfer Maschinenbau AG., Düsseldorf
Untersuchungen von störenden Einflüssen auf die Lastgrenzenanzeige von Dauerschwingprüfmaschinen

Heft 46:
Prof. Dr. W. Fuchs, Aachen
Untersuchungen über die Aufbereitung von Wasser für die Dampferzeugung in Benson-Kesseln

Heft 47:
Prof. Dr.-Ing. K. Krekeler, Aachen
Versuche über die Anwendung der induktiven Erwärmung zum Sintern von hochschmelzenden Metallen sowie zur Anlegierung und Vergütung von aufgespritzten Metallschichten mit dem Grundwerkstoff

Heft 48:
Max-Planck-Institut für Eisenforschung, Düsseldorf
Spektrochemische Analyse der Gefügebestandteile in Stählen nach ihrer Isolierung

Heft 49:
Max-Planck-Institut für Eisenforschung, Düsseldorf
Untersuchungen über Ablauf der Desoxydation und die Bildung von Einschlüssen in Stählen

Heft 50:
Max-Planck-Institut für Eisenforschung, Düsseldorf
Flammenspektralanalytische Untersuchung der Ferritzusammensetzung in Stählen

Heft 51:
Verein zur Förderung von Forschungs- und Entwicklungsarbeiten in der Werkzeugindustrie e. V., Remscheid
Untersuchungen an Kreissägeblättern für Holz, Fehler- und Spannungsprüfverfahren

Heft 52:
Forschungsstelle für Azetylen, Dortmund
Untersuchungen über den Umsatz bei der explosiblen Zersetzung von Azetylen
 a) Zersetzung von gasförmigem Azetylen,
 b) Zersetzung von an Silikagel adsorbiertem Azetylen

Heft 53:
Professor Dr.-Ing. H. Opitz, Aachen
Reibwert- und Verschleißmessungen an Kunststoffgleitführungen für Werkzeugmaschinen

Heft 54:
Professor Dr.-Ing. F. A. F. Schmidt, Aachen
Schaffung von Grundlagen für die Erhöhung der spez. Leistung und Herabsetzung des spez. Brennstoffverbrauches bei Ottomotoren mit Teilbericht über Arbeiten an einem neuen Einspritzverfahren

Heft 55:
Forschungsgesellschaft Blechverarbeitung e.V., Düsseldorf
Chemisches Glänzen von Messing und Neusilber

Heft 56:
Forschungsgesellschaft Blechverarbeitung e. V., Düsseldorf
Untersuchungen über einige Probleme der Behandlung von Blechoberflächen

Heft 57:
Prof. Dr.-Ing. F. A. F. Schmidt, Aachen
Untersuchungen zur Erforschung des Einflusses des chemischen Aufbaues des Kraftstoffes auf sein Verhalten im Motor und in Brennkammern von Gasturbinen

Heft 58:
Gesellschaft für Kohlentechnik m. b. H., Dortmund
Herstellung und Untersuchung von Steinkohlenschwelteer

Heft 59:
Forschungsinstitut der Feuerfest-Industrie e. V., Bonn
Ein Schnellanalysenverfahren zur Bestimmung von Aluminiumoxyd, Eisenoxyd und Titanoxyd in feuerfestem Material mittels organischer Farbreagenzien auf photometrischem Wege
Untersuchungen des Alkali-Gehaltes feuerfester Stoffe mit dem Flammenphotometer nach Riehm-Lange

Heft 60:
Forschungsgesellschaft Blechverarbeitung e. V., Düsseldorf
Untersuchungen über das Spritzlackieren im elektrostatischen Hochspannungsfeld

Heft 61:
Verein zur Förderung von Forschungs- und Entwicklungsarbeiten in der Werkzeugindustrie e. V., Remscheid
Schwingungs- und Arbeitsverhalten von Kreissägeblättern für Holz

Heft 62:
Professor Dr. W. Franz, Institut für theoretische Physik der Universität Münster
Berechnung des elektrischen Durchschlags durch feste und flüssige Isolatoren

Heft 63:
Textilforschungsanstalt Krefeld
Neue Methoden zur Untersuchung der Wirkungsweise von Textilhilfsmitteln
Untersuchungen über Schlichtungs- und Entschlichtungsvorgänge

Heft 64:
Textilforschungsanstalt Krefeld
Die Kettenlängenverteilung von hochpolymeren Faserstoffen
Über die fraktionierte Fällung von Polyamiden

Heft 65:
Fachverband Schneidwarenindustrie, Solingen
Untersuchungen über das elektrolytische Polieren von Tafelmesserklingen aus rostfreiem Stahl

Heft 66:
Dr.-Ing. P. Füsgen VDI †, Düsseldorf
Untersuchungen über das Auftreten des Ratterns bei selbsthemmenden Schneckengetrieben und seine Verhütung

Heft 67:
Heinrich Wösthoff o. H. G., Apparatebau, Bochum
Entwicklung einer chemisch-physikalischen Apparatur zur Bestimmung kleinster Kohlenoxyd-Konzentrationen

Heft 68:
Kohlenstoffbiologische Forschungsstation e. V., Essen
Algengroßkulturen im Sommer 1952
II. Über die unsterile Großkultur von Scenedesmus obliquus

Heft 69:
Wäschereiforschung Krefeld
Bestimmung des Faserabbaues bei Leinen unter besonderer Berücksichtigung der Leinengarnbleiche

Heft 70:
Wäschereiforschung Krefeld
Trocknen von Wäschestoffen

Heft 71:
Prof. Dr.-Ing. K. Leist, Aachen
Kleingasturbinen, insbesondere zum Fahrzeugantrieb

Heft 72:
Prof. Dr.-Ing. K. Leist, Aachen
Beitrag zur Untersuchung von stehenden geraden Turbinengittern mit Hilfe von Druckverteilungsmessungen

Heft 73:
Prof. Dr.-Ing. K. Leist, Aachen
Spannungsoptische Untersuchungen von Turbinenschaufelfüßen

Heft 74:
Max-Planck-Institut für Eisenforschung, Düsseldorf
Versuche zur Klärung des Umwandlungsverhaltens eines sonderkarbidbildenden Chromstahls

Heft 75:
Max-Planck-Institut für Eisenforschung, Düsseldorf
Zeit-Temperatur-Umwandlungs-Schaubilder als Grundlage der Wärmebehandlung der Stähle

Heft 76:
Max-Planck-Institut für Arbeitsphysiologie, Dortmund
Arbeitstechnische und arbeitsphysiologische Rationalisierung von Mauersteinen

Heft 77:
Meteor Apparatebau Paul Schmeck G. m. b H., Siegen
Entwicklung von Leuchtstoffröhren hoher Leistung

Heft 78:
Forschungsstelle für Acetylen, Dortmund
Über die Zustandsgleichung des gasförmigen Acetylens und das Gleichgewicht Acetylen — Aceton

Heft 79:
Techn.-Wissenschaftl. Büro für die Bastfaserindustrie, Bielefeld
Trocknung von Leinengarnen III
Spinnspulen- und Spinnkopstrocknung
Vorgang und Einwirkung auf die Garnqualität

Heft 80:
Techn.-Wissenschaftl. Büro für die Bastfaserindustrie, Bielefeld
Die Verarbeitung von Leinengarn auf Webstühlen mit und ohne Oberbau

Heft 81:
Prüf- und Forschungsinstitut für Ziegeleierzeugnisse, Essen-Kray
Die Einführung des großformatigen Einheits-Gitterziegels im Lande Nordrhein-Westfalen

Heft 82:
Vereinigte Aluminium-Werke AG., Bonn
Forschungsarbeiten auf dem Gebiet der Veredelung von Aluminium-Oberflächen

Heft 83:
Prof. Dr. S. Strugger, Münster
Über die Struktur der Proplastiden

Heft 84:
Dr. H. Baron, Düsseldorf
Über Standardisierung von Wundtextilien

Heft 85:
Textilforschungsanstalt Krefeld
Physikalische Untersuchungen an Fasern, Fäden, Garnen und Geweben:
Untersuchungen am Knickscheuergerät nach Weltzien

Heft 86:
Prof. Dr.-Ing. H. Opitz, Aachen
Untersuchungen über das Fräsen von Baustahl sowie über den Einfluß des Gefüges auf die Zerspanbarkeit

Heft 87:
Gemeinschaftsausschuß Verzinken, Düsseldorf
Untersuchungen über Güte von Verzinkungen

Heft 88:
Gesellschaft für Kohlentechnik mbH., Dortmund-Eving
Oxydation von Steinkohle mit Salpetersäure

Heft 89:
Verein Deutscher Ingenieure, Gleitlagerforschung, Düsseldorf und Prof. Dr.-Ing. G. Vogelpohl, Göttingen
Versuche mit Preßstoff-Lagern für Walzwerke

Heft 90:
Forschungs-Institut der Feuerfest-Industrie, Bonn
Das Verhalten von Silikasteinen im Siemens-Martin-Ofengewölbe

Heft 91:
Forschungs-Institut der Feuerfest-Industrie, Bonn
Untersuchungen des Zusammenhangs zwischen Leistung und Kohlenverbrauch von Kammeröfen zum Brennen von feuertesten Materialien

Heft 92:
Techn.-Wissenschaftl. Büro für die Bastfaserindustrie, Bielefeld und Laboratorium für textile Meßtechnik, M.-Gladbach
Messungen von Vorgängen am Webstuhl

Heft 93:
Prof. Dr. W. Kast, Krefeld
Spinnversuche zur Strukturerfassung künstlicher Zellulosefasern

Heft 94:
Prof. Dr. G. Winter, Bonn
Die Heilpflanzen des MATTHIOLUS (1611) gegen Infektionen der Harnwege und Verunreinigung der Wunden bzw. zur Förderung der Wundheilung im Lichte der Antibiotikaforschung

Heft 95:
Prof. Dr. G. Winter, Bonn
Untersuchungen über die flüchtigen Antibiotika aus der Kapuziner- (Tropaeolum maius) und Gartenkresse (Lepidium sativum) und ihr Verhalten im menschlichen Körper bei Aufnahme von Kapuziner- bzw. Gartenkressensalat per os

Heft 96:
Dr.-Ing. P. Koch, Dortmund
Austritt von Exoelektronen aus Metalloberflächen unter Berücksichtigung der Verwendung des Effektes für die Materialprüfung

Heft 97:
Ing. H. Stein, Laboratorium für textile Meßtechnik, M.-Gladbach
Untersuchung der Verzugsvorgänge an den Streckwerken verschiedener Spinnereimaschinen
2. Bericht: Ermittlung der Haft-Gleiteigenschaften von Faserbändern und Vorgarnen

Heft 98:
Fachverband Gesenkschmieden, Hagen
Die Arbeitsgenauigkeit beim Gesenkschmieden unter Hämmern

Heft 99:
Prof. Dr.-Ing. G. Garbotz, Aachen
Der Kraft- und Arbeitsaufwand sowie die Leistungen beim Biegen von Bewehrungsstählen in Abhängigkeit von den Abmessungen, den Formen und der Güte der Stähle (Ermittlung von Leistungsrichtlinien)

Heft 100:
Prof. Dr.-Ing. H. Opitz, Aachen
Untersuchungen von elektrischen Antrieben, Steuerungen und Regelungen an Werkzeugmaschinen

Heft 101:
Prof. Dr.-Ing. H. Opitz, Aachen
Wirtschaftlichkeitsbetrachtungen beim Außenrundschleifen

Heft 102:
Dr. P. Hölemann, Ing. R. Hasselmann und Ing. G. Dix, Dortmund
Untersuchungen über die thermische Zündung von explosiblen Acetylenzersetzungen in Kapillaren

Heft 103:
Prof. Dr. W. Weizel, Bonn
Durchführung von experimentellen Untersuchungen über den zeitlichen Ablauf von Funken in komprimierten Edelgasen sowie zu deren mathematischen Berechnung

Heft 104:
Prof. Dr. W. Weizel, Bonn
Über den Einfluß der Elektroden auf die Eigenschaften von Cadmium-Sulfid-Widerstands-Photozellen

Heft 105:
Dr.-Ing. R. Meldau, Harsewinkel/Westf.
Auswertung von Gekörn — Analysen des Musterstaubes „Flugasche Fortuna I"

Heft 106:
ORR. Dr.-Ing. W. Küch, Dortmund
Untersuchungen über die Einwirkung von feuchtigkeitsgesättigter Luft auf die Festigkeit von Leimverbindungen

Heft 107:
Prof. Dr. H. Lange und Dipl.-Phys. P. St. Pütter, Köln
Über die Konstruktion von Laboratoriumsmagneten

Heft 108:
Prof. Dr. W. Fuchs, Aachen
Untersuchungen über neue Beizmethoden und Beizabwässer
I. Die Entzunderung von Drähten mit Natriumhydrid
II. Die Aufbereitung von Beizabwässern

Heft 109:
Dr. P. Hölemann und Ing. R. Hasselmann, Dortmund
Untersuchungen über die Löslichkeit von Azetylen in verschiedenen organischen Lösungsmitteln

Heft 110:
Dr. P. Hölemann und Ing. R. Hasselmann, Dortmund
Untersuchungen über den Druckverlauf bei der explosiblen Zersetzung von gasförmigem Azetylen

Heft 111:
Fachverband Steinzeugindustrie, Köln
Die Entwicklung eines Gerätes zur Beschickung seitlicher Feuer von Steinzeug-Einzelkammeröfen mit festen Brennstoffen

Heft 112:
Prof. Dr.-Ing. H. Opitz, Aachen
Verschleißmessungen beim Drehen mit aktivierten Hartmetallwerkzeugen

Heft 113:
Prof. Dr. O. Graf, Dortmund
Erforschung der geistigen Ermüdung und nervösen Belastung: Studien über die vegetative 24-Stunden-Rhythmik in Ruhe und unter Belastung

Heft 114:
Prof. Dr. O. Graf, Dortmund
Studien über Fließarbeitsprobleme an einer praxisnahen Experimentieranlage

Heft 115:
Prof. Dr. O. Graf, Dortmund
Studium über Arbeitspausen in Betrieben bei freier und zeitgebundener Arbeit (Fließarbeit) und ihre Auswirkung auf die Leistungsfähigkeit

Heft 116:
Prof. Dr.-Ing. E. Siebel und Dr.-Ing. H. Weiss, Stuttgart
Untersuchungen an einigen Problemen des Tiefziehens — I. Teil

Heft 117:
Dr.-Ing. H. Beißwänger, Stuttgart, und Dr.-Ing. S. Schwandt, Trier
Untersuchungen an einigen Problemen des Tiefziehens — II. Teil

Heft 118:
Prof. Dr. E. A. Müller und Dr. H. G. Wenzel, Dortmund
Neuartige Klima-Anlage zur Erzeugung ungleicher Luft- und Strahlungstemperaturen in einem Versuchsraum

Heft 119:
Dr.-Ing. O. Viertel, Krefeld
Wäscherei- und energietechnische Untersuchung einer Gemeinschafts-Waschanlage

Heft 120:
Dipl.-Ing. Weisbecker, Lüdenscheid
Über Anfressung an Reinstaluminium-Schweißnähten bei der elektrolytischen Oxydation
Gebr. Hörstermann GmbH., Velbert
Entwicklung und Erprobung eines neuartigen Gummibandförderers

Heft 121:
Dr. H. Krebs, Bonn
I. Die Struktur und die Eigenschaften der Halbmetalle
II. Die Bestimmung der Atomverteilung in amorphen Substanzen
III. Die chemische Bindung in anorganischen Festkörpern und das Entstehen metallischer Eigenschaften

Heft 122:
Prof. Dr. W. Fuchs, Aachen
Untersuchungen zur Verbesserung der Wasseraufbereitung und Wasseranalyse:
Über die Schnellbewertung von Ionenaustauscher

Heft 123:
Dipl.-Ing. J. Emondts, Aachen
Über Bodenverformungen bei stark gestörtem und mächtigem, wasserführendem Deckgebirge im Aachener Steinkohlengebiet

Heft 124:
Prof. Dr. R. Seÿffert, Köln
Wege und Kosten der Distribution der Hausratwaren im Lande Nordrhein-Westfalen

Heft 125:
Prof. Dr. E. Kappler, Münster
Eine neue Methode zur Bestimmung von Kondensations-Koeffizienten von Wasser

Heft 126:
Prof. Dr.-Ing. J. Mathieu, Aachen
Arbeitszeitvergleich
Grundlagen, Methodik und praktische Durchführung

Heft 127:
Güteschutz Betonstein e. V.,
Arbeitskreis Nordrhein-Westfalen, Dortmund
Die Betonwaren-Gütesicherung im Lande Nordrhein-Westfalen

Heft 128:
Prof. Dr. O. Schmitz-DuMont, Bonn
Untersuchungen über Reaktionen in flüssigem Ammoniak

Heft 129:
Prof. Dr.-Ing. J. Mathieu und Dr. C. A. Roos, Aachen
Die Anlernung von Industriearbeitern
I. Ergebnisse einer grundsätzlichen Untersuchung der gegenwärtigen Industriearbeiter-Kurzanlernung

Heft 130:
Prof.-Dr.-Ing. J. Mathieu und Dr. C. A. Roos, Aachen
Die Anlernung von Industriearbeitern
II. Beiträge zur Methodenfrage der Kurzanlernung

Heft 131:
Dr. W. Hoerburger, Köln
Versuche zur Biosynthese von Eiweiß aus Kohlenwasserstoff

Heft 132:
Prof. Dr. W. Seith, Münster
Über Diffusionserscheinungen in festen Metallen

Heft 133:
Prof. Dr. E. Jenckel, Aachen
Über einen für Schwermetalle selektiven Ionenaustauscher

Heft 134:
Prof. Dr.-Ing. H. Winterhager, Aachen
Über die elektrochemischen Grundlagen der Schmelzfluß-Elektrolyse von Bleisulfid in geschmolzenen Mischungen mit Bleichlorid

Heft 135:
Prof. Dr.-Ing. K. Krekeler und Dr.-Ing. H. Peukert, Aachen
Die Änderung der mechanischen Eigenschaften thermoplastischer Kunststoffe durch Warmrecken

Heft 136:
Dipl.-Phys. P. Pilz, Remscheid
Über spezielle Probleme der Zerkleinerungstechnik von Weichstoffen

Heft 137:
Prof. Dr. W. Baumeister, Münster
Beiträge zur Mineralstoffernährung der Pflanzen

Heft 138:
Dr. P. Hölemann und Ing. R. Hasselmann, Dortmund
Untersuchungen über die Zersetzungswärme von gasförmigem und in Azeton gelöstem Azetylen

Heft 139:
Prof. Dr. W. Fuchs, Aachen
Studien über die thermische Zersetzung der Kohle und die Kohlendestillatprodukte

Heft 140:
Dr.-Ing. G. Hausberg, Essen
Modellversuche an Zyklonen

Heft 141:
Dr. J. van Calker und Dr. R. Wienecke, Münster
Untersuchungen über den Einfluß dritter Analysenpartner auf die spektrochemische Analyse

Heft 142:
Dipl.-Ing. G. M. F. Wiebel, Hannover, A. Konermann und
A. Ottenheym, Sennelager
Entwicklung eines Kalksandleichtsteines

Heft 143:
Prof. Dr. F. Wever, Dr. A. Rose und Dipl.-Ing. W. Straßburg, Düsseldorf
Härtbarkeit und Umwandlungsverhalten der Stähle

Heft 144:
Prof. Dr. H. Wurmbach, Bonn
Steuerung von Wachstum und Formbildung

Heft 145:
Dr. G. Hennemann, Werdohl (Westf.)
Beitrag zur Interpretation der modernen Atomphysik

Heft 146:
Dr.-Ing. F. Gruß, Düsseldorf
Sterilisation mit Heißluft

Heft 147:
Dr.-Ing. W. Rudisch, Unna
Untersuchung einer drehelastischen Elektromagnet-Synchronkupplung

Heft 148:
Prof. Dr. H. Bittel und Dipl.-Phys. L. Storm, Münster
Untersuchungen über Widerstandsrauschen

Heft 149:
Dipl.-Ing. K. Konopicky und Dipl.-Chem. P. Kampa, Bonn
I. Beitrag zur flammenphotometrischen Bestimmung des Calciums
Dr.-Ing. K. Konopicky, Bonn
II. Die Wanderung von Schlackenbestandteilen in feuerfesten Baustoffen

Heft 150:
Prof. Dr.-Ing. O. Kienzle und Dipl.-Ing. W. Timmerbeil, Hannover
Das Durchziehen enger Kragen an ebenen Fein- und Mittelblechen

Heft 151:
Dipl.-Ing. P. Karabasch, Aachen
Feststellung des optimalen Gasgehaltes von Bronzen zur Erzielung druckdichter Gußstücke

Heft 152:
Dipl.-Ing. G. Müller, Köln
Ermittlung der Laufeigenschaften (Vergießbarkeit) von Bronze und Rotguß mittels der Schneider-Gießspirale

Heft 153:
Prof. Dr. F. Wever, Dr.-Ing. W. A. Fischer und Dipl.-Ing. J. Engelbrecht, Düsseldorf
I. Die Reduktion sauerstoffhaltiger Eisenschmelzen im Hochvakuum mit Wasserstoff und Kohlenstoff
II. Einfluß geringer Sauerstoffgehalte auf das Gefüge und Alterungsverhalten von Reineisen

Heft 154:
Prof. Dr.-Ing. P. Bardenheuer und Dr.-Ing. W. A. Fischer, Düsseldorf
Die Verschlackung von Titan aus Stahlschmelzen im sauren und basischen Hochfrequenzofen unter verschiedenen Schlacken

Heft 155:
Dipl.-Phys. K. H. Schirmer, München
Die auf Grau abgestimmte Farbwiedergabe im Dreifarbenbuchdruck

Heft 156:
Prof. Dr.-Ing. B. von Borries und Mitarbeiter, Düsseldorf
Die Entwicklung regelbarer permanentmagnetischer Elektronenlinsen hoher Brechkraft und eines mit ihnen ausgerüsteten Elektronenmikroskopes neuer Bauart

Heft 157:
Dr. W. Jawtusch, Dr. G. Schuster und Prof. Dr.-Ing. R. Jaeckel, Bonn
Untersuchungen über die Stoßvorgänge zwischen neutralen Atomen und Molekülen

Heft 158:
Dipl.-Ing. W. Rosenkranz, Meinerzhagen
Ein Beitrag zum Problem der Spannungskorrosion bei Preßprofilen und Preßteilen aus Aluminium-Legierungen

Heft 159:
Dr.-Ing. O. Viertel und O. Oldenroth, Krefeld
Das Bleichen von Weißwäsche mit Wasserstoffsuperoxyd bzw. Natriumhypochlorit beim maschinellen Waschen

Heft 160:
Prof. Dr. W. Klemm, Münster
Über neue Sauerstoff- und Fluor-haltige Komplexe

Heft 161:
Prof. Dr. W. Weltzien und Dr. G. Hauschild, Krefeld
Über Silikone und ihre Anwendung in der Textilveredlung

Heft 162:
Prof. Dr. F. Wever, Prof. Dr. A. Knochendörfer und Dr.-Ing. Chr. Rohrbach, Düsseldorf
Kennzeichnung der Sprödbruchneigung von Stählen durch Messung der Fließspannung, Reißspannung und Brucheinschnürung an dreiachsig beanspruchten Proben

Heft 163:
Dipl.-Ing. W. Rohs und Text.-Ing. H. Griese, Bielefeld
Untersuchungsarbeiten zur Verbesserung des Leinenwebstuhles III

Heft 164:
Dr.-Ing. H. Schmachtenberg, Köln
Neuartige Prüfeinrichtungen für Kraftfahrzeuge

Heft 165:
Dr.-Ing. W. Wilhelm, Aachen
Instationäre Gasströmung im Auspuffsystem eines Zweitaktmotors

Heft 166:
Prof. Dr. M. von Stackelberg, Dr. H. Heindze, Dr. H. Hübschke und Dr. K. H. Frangen, Bonn
Kolloidchemische Untersuchungen

Heft 167:
Prof. Dr.-Ing. F. Schuster, Essen
I. Über die Heißkarburierung von Brenngasen mit Ölen und Teeren
II. Die Strahlungsvorgänge in brennstoffbeheizten Öfen bei verschiedenen Verbrennungsatmosphären

Heft 168:
Prof. Dr.-Ing. F. Schuster, Essen
I. Luftvorwärmung an Gasfeuerungen
II. Heizwerthöhe von Brenngasen und Wirkungsgrad sowie Gasverbrauch bei der Gasverwendung
III. Sauerstoffangereicherte Luft und feuerungstechnische Kenngrößen von Brenngasen

Heft 169:
Forschungsinstitut für Pigmente und Lacke, Stuttgart
Arbeiten über die Bestimmung des Gebrauchswertes von Lackfilmen durch physikalische Prüfungen

Heft 170:
Prof. Dr. F. Wever, Dr. A. Rose und Dipl.-Ing. L. Rademacher, Düsseldorf
Anwendung der Umwandlungsschaubilder auf Fragen der Werkstoffauswahl beim Schweißen und Flammhärten

Heft 171:
Wäschereiforschung, Krefeld
Untersuchung der Wäscheentwässerung mit Hilfe von Zentrifugen und Pressen

Heft 172:
Dipl.-Ing. W. Rohs, Dr.-Ing. G. Satlow und Text.-Ing. G. Heller, Bielefeld
Trocknung von Hanfgarnen. Kreuzspultrocknung

Heft 173:
Prof. Dr. W. Kast, Krefeld, Prof. Dr. R. Hosemann und Dipl.-Phys. G. Schoknecht, Berlin
Lichtoptische Herstellung und Diskussion der Faltungsquadrate parakristalliner Gitter

Heft 174:
Prof. Dr. W. von Fragstein, Dr. J. Meingast und H. Hoch, Köln
Herstellung von Solen einheitlicher Teilchengröße und Ermittlung ihrer optischen Eigenschaften

# VERÖFFENTLICHUNGEN DER ARBEITSGEMEINSCHAFT FÜR FORSCHUNG DES LANDES NORDRHEIN-WESTFALEN

Naturwissenschaften

Heft 1:
Prof. Dr.-Ing. F. Seewald, Aachen
Neue Entwicklungen auf dem Gebiet der Antriebsmaschinen
Prof. Dr.-Ing. F. A. F. Schmidt, Aachen
Technischer Stand und Zukunftsaussichten der Verbrennungsmaschinen, insbesondere der Gasturbinen
Dr.-Ing. R. Friedrich, Mülheim (Ruhr)
Möglichkeiten und Voraussetzungen der industriellen Verwertung der Gasturbine

Heft 2:
Prof. Dr.-Ing. W. Riezler, Bonn
Probleme der Kernphysik
Prof. Dr. Micheel, Münster
Isotope als Forschungsmittel in der Chemie und Biochemie

Heft 3:
Prof. Dr. E. Lehnartz, Münster
Der Chemismus der Muskelmaschine
Prof. Dr. G. Lehmann, Dortmund
Physiologische Forschung als Voraussetzung der Bestgestaltung der menschlichen Arbeit
Prof. Dr. H. Kraut, Dortmund
Ernährung und Leistungsfähigkeit

Heft 4:
Prof. Dr. F. Wever, Düsseldorf
Aufgaben der Eisenforschung
Prof. Dr.-Ing. H. Schenck, Aachen
Entwicklungslinien des deutschen Eisenhüttenwesens
Prof. Dr.-Ing. M. Haas, Aachen
Wirtschaftliche Bedeutung der Leichtmetalle und ihre Entwicklungsmöglichkeiten

Heft 5:
Prof. Dr. W. Kikuth, Düsseldorf
Virusforschung
Prof. Dr. R. Danneel, Bonn
Fortschritte der Krebsforschung
Prof. Dr. W. Schulemann, Bonn
Wirtschaftliche und organisatorische Gesichtspunkte für die Verbesserung unserer Hochschulforschung

Heft 6:
Prof. Dr. W. Weizel, Bonn
Die gegenwärtige Situation der Grundlagenforschung in der Physik
Prof. Dr. S. Strugger, Münster
Das Duplikantenproblem in der Biologie
Direktor Dr. F. Gummert, Essen
Überlegungen zu den Faktoren Raum und Zeit im biologischen Geschehen und Möglichkeiten einer Nutzanwendung

Heft 7:
Prof. Dr.-Ing. A. Götte, Aachen
Steinkohle als Rohstoff und Energiequelle
Prof. Dr. Dr. E. h. K. Ziegler, Mülheim/Ruhr
Über Arbeiten des Max-Planck-Institutes für Kohlenforschung

Heft 8:
Prof. Dr.-Ing. W. Fucks, Aachen
Die Naturwissenschaft, die Technik und der Mensch
Prof. Dr. W. Hoffmann, Münster
Wirtschaftliche und soziologische Probleme des technischen Fortschritts

Heft 9:
Prof. Dr.-Ing. F. Bollenrath, Aachen
Zur Entwicklung warmfester Werkstoffe
Prof. Dr. H. Kaiser, Dortmund
Stand spektralanalytischer Prüfverfahren und Folgerung für deutsche Verhältnisse

Heft 10:
Prof. Dr. H. Braun, Bonn
Möglichkeiten und Grenzen der Resistenzzüchtung
Prof. Dr.-Ing. C. H. Dencker, Bonn
Der Weg der Landwirtschaft von der Energieautarkie zur Fremdenergie

Heft 11:
Prof. Dr.-Ing. H. Opitz, Aachen
Entwicklungslinien der Fertigungstechnik in der Metallbearbeitung
Prof. Dr.-Ing. K. Krekeler, Aachen
Stand und Aussichten der schweißtechnischen Fertigungsverfahren

Heft 12:
Dr. H. Rathert, Wuppertal-Elberfeld
Entwicklung auf dem Gebiet der Chemiefaser-Herstellung
Prof. Dr. W. Weltzien, Krefeld
Rohstoff und Veredlung in der Textilwirtschaft

Heft 13:
Dr.-Ing. E. h. K. Herz, Frankfurt a. M.
Die technischen Entwicklungstendenzen im elektrischen Nachrichtenwesen
Staatssekretär Prof. L. Brandt, Düsseldorf
Navigation und Luftsicherung

Heft 14:
Prof. Dr. B. Helferich, Bonn
Stand der Enzymchemie und ihre Bedeutung
Prof. Dr. H. W. Knipping, Köln
Ausschnitt aus der klinischen Carcinomforschung am Beispiel des Lungenkrebses

**Heft 15:**
Prof. Dr. A. Esau, Aachen
Ortung mit elektrischen und Ultraschallwellen in Technik und Natur
Prof. Dr.-Ing. E. Flegler, Aachen
Die ferromagnetischen Werkstoffe der Elektrotechnik und ihre neueste Entwicklung

**Heft 16:**
Prof. Dr. R. Seyffert, Köln
Die Problematik der Distribution
Prof. Dr. Theodor Beste, Köln
Der Leistungslohn

**Heft 17:**
Prof. Dr.-Ing. Seewald, Aachen
Luftfahrtforschung in Deutschland und ihre Bedeutung für die allgemeine Technik
Prof. Dr.-Ing. E. Houdremont, Essen
Art und Organisation der Forschung in einem Industrieforschungsinstitut der Eisenindustrie

**Heft 18:**
Prof. Dr. W. Schulemann, Bonn
Theorie und Praxis pharmakologischer Forschung
Prof. Dr. W. Groth, Bonn
Technische Verfahren zur Isotopentrennung

**Heft 19:**
Dipl.-Ing. K. Traenckner, Essen
Entwicklungstendenzen der Gaserzeugung

**Heft 20:**
M. Zvegintzow, London
Wissenschaftliche Forschung und die Auswertung ihrer Ergebnisse
Ziel u. Tätigkeit der National Research Development Corporation
Dr. A. King, London
Wissenschaft und internationale Beziehungen

**Heft 21:**
Prof. Dr. R. Schwarz, Aachen
Wesen und Bedeutung der Silicium-Chemie
Prof. Dr. Dr. h. c. K. Alder, Köln
Fortschritte in der Synthese von Kohlenstoffverbindungen

**Heft 21 a**
Prof. Dr. Dr. h. c. O. Hahn, Göttingen
Die Bedeutung der Grundlagenforschung für die Wirtschaft
Prof. Dr. S. Strugger, Münster
Die Erforschung des Wasser- und Nährsalztransportes im Pflanzenkörper mit Hilfe der fluoreszenzmikroskopischen Kinematographie

**Heft 22:**
Prof. Dr. J. von Allesch, Göttingen
Die Bedeutung der Psychologie im öffentlichen Leben
Prof. Dr. O. Graf, Dortmund
Triebfedern menschlicher Leistung

**Heft 23:**
Prof. Dr. Dr. h. c. B. Kuske, Köln
Zur Problematik der wirtschaftswissenschaftlichen Raumforschung
Prof. Dr. Dr.-Ing. E. h. St. Prager, Düsseldorf
Städtebau und Landesplanung

**Heft 24:**
Prof. Dr. R. Danneel, Bonn
Über die Wirkungsweise der Erbfaktoren
Prof. Dr. K. Herzog, Krefeld
Bewegungsbedarf der menschlichen Gliedmaßengelenke bei der Berufsarbeit

**Heft 25:**
Prof. Dr. O. Haxel, Heidelberg
Energiegewinnung aus Kernprozessen
Dr.-Ing. Dr. M. Wolf, Düsseldorf
Gegenwartsprobleme der energiewirtschaftlichen Forschung

**Heft 26:**
Prof. Dr. F. Becker, Bonn
Ultrakurzwellenstrahlung aus dem Weltraum
Dr. H. Straßl, Bonn
Bemerkenswerte Doppelsterne und das Problem der Sternentwicklung

**Heft 27:**
Prof. Dr. H. Behnke, Münster
Der Strukturwandel der Mathematik in der ersten Hälfte des 20. Jahrhunderts
Prof. Dr. E. Sperner, Hamburg
Eine mathematische Analyse der Luftdruckverteilung in großen Gebieten

**Heft 28:**
Prof. Dr. O. Niemczyk, Aachen
Die Problematik gebirgsmechanischer Vorgänge im Steinkohlenbergbau
Prof. Dr. W. Ahrens, Krefeld
Die Bedeutung geologischer Forschung für die Wirtschaft besonders in Nordrhein-Westfalen

**Heft 29:**
Prof. Dr. B. Rensch, Münster
Das Problem der Residuen bei Lernleistungen
Prof. Dr. H. Fink, Köln
Über Leberschäden bei der Bestimmung des biologischen Wertes verschiedener Eiweiße von Mikroorganismen

**Heft 30:**
Prof. Dr.-Ing. F. Seewald, Aachen
Forschungen auf dem Gebiete der Aerodynamik
Prof. Dr.-Ing. K. Leist, Aachen
Forschungen in der Gasturbinentechnik

**Heft 31:**
Prof. Dr.-Ing. Dr. h. c. F. Mietzsch, Wuppertal
Chemie und wirtschaftliche Bedeutung der Sulfonamide
Prof. Dr. Dr. h. c. G. Domagk, Wuppertal
Die experimentellen Grundlagen der bakteriellen Infektionen

**Heft 32:**
Prof. Dr. H. Braun, Bonn
Die Verschleppung von Pflanzenkrankheiten und -schädlingen über die Welt
Prof. Dr. W. Rudorf, Voldagsen
Der Beitrag von Genetik und Züchtung zur Bekämpfung von Viruskrankheiten der Nutzpflanzen

**Heft 33:**
Prof. Dr.-Ing. V. Aschoff, Aachen
Probleme der elektroakustischen Einkanalübertragung
Prof. Dr.-Ing. H. Döring, Aachen
Erzeugung und Verstärkung von Mikrowellen

**Heft 34:**
Geheimrat Prof. Dr. Dr. R. Schenck, Aachen
Bedingungen und Gang der Kohlenhydratsynthese im Licht
Prof. Dr. E. Lehnartz, Münster
Die Endstufen des Stoffabbaues im Organismus

**Heft 35:**
Prof. Dr.-Ing. H. Schenck, Aachen
Gegenwartsprobleme der Eisenindustrie in Deutschland
Prof. Dr.-Ing. Piwowarsky †, Aachen
Gelöste und ungelöste Probleme im Gießereiwesen

**Heft 36:**
Prof. Dr. W. Riezler, Bonn
Teilchenbeschleuniger
Prof. Dr. G. Schubert, Hamburg
Anwendung neuer Strahlenquellen in der Krebstherapie

Heft 37:
Prof. Dr. F. Lotze, Münster
Probleme der Gebirgsbildung
Bergwerksdirektor Bergassessor a. D. Rauschenbach, Essen
Die Erhaltung der Förderungskapazität des Ruhrbergbaues auf lange Sicht

Heft 38:
Dr. E. C. Cherry, London
Kybernetik
Prof. Dr. E. Pietsch, Clausthal-Zellerfeld
Dokumentation und mechanisches Gedächtnis — zur Frage der Ökonomie der geistigen Arbeit

Heft 39:
Dr. H. Haase, Hamburg
Infrarot und seine technischen Anwendungen
Prof. Dr. A. Esau, Aachen
Die Bedeutung des Ultraschalls für technische Anwendungsgebiete

Heft 40:
Bergassessor F. Lange, Bochum-Hordel
Die wirtschaftliche und soziale Bedeutung der Silikose im Bergbau
Prof. Dr. W. Kikuth, Düsseldorf
Die Entstehung der Silikose und ihre Verhütungsmaßnahmen

Heft 40 a:
Prof. Dr. E. Gross, Bonn
Berufskrebs und Krebsforschung
Prof. Dr. H. W. Knipping, Köln
Die Situation der Krebsforschung vom Standpunkt der Klinik

Heft 41:
Dr.-Ing. G. V. Lachmann, Teddington
An einer neuen Entwicklungsschwelle im Flugzeugbau
Dr. A. Gerber, Zürich
Stand der Entwicklung der Raketen- und Lenktechnik

Heft 42:
Prof. Dr. T. Kraus, Köln
Lokalisationsphänomene und Raumordnung vom Standpunkt der geographischen Wissenschaft
Direktor Dr. F. Gummert, Essen
Vom Ernährungsversuchsfeld der Kohlenstoffbiologischen Forschungsstation Essen (Ein 6 Jahre lang durchgeführter Versuch, einen Menschen aus dem Ertrag von 1250 qm zu ernähren)

Heft 42 a:
Prof. Dr. Dr. h. c. G. Domagk, Wuppertal
Fortschritte auf dem Gebiet der experimentellen Krebsforschung

Heft 43:
Prof. G. Lampariello, Rom
Über Leben und Werk von Heinrich Hertz
Prof. Dr. W. Weizel, Bonn
Über das Problem der Kausalität in der Physik

Heft 43 a:
Prof. Dr. J. Mª Albareda, Madrid
Die Entwicklung der Forschung in Spanien

Heft 44:
Prof. Dr. B. Helferich, Bonn
Über Glykose
Prof. Dr. F. Micheel, Münster
Kohlenhydrat-Eiweiß-Verbindungen und ihre bio-chemische Bedeutung

Heft 45:
Prof. Dr. J. von Neumann, Princeton/USA
Entwicklung und Ausnutzung neuerer mathematischer Maschinen
Prof. Dr. E. Stiefel, Zürich
Rechenautomaten im Dienste der Technik mit Beispielen aus dem Züricher Institut für angewandte Mathematik

Heft 46:
Prof. Dr. W. Weltzien, Krefeld
Ausblick auf die Entwicklung synthetischer Fasern
Prof. Dr. W. Hoffmann, Münster
Wachstumsformen der Industriewirtschaft

Heft 47:
Staatssekretär Prof. L. Brandt, Düsseldorf
Die praktische Förderung der Forschung in Nordrhein-Westfalen
Prof. Dr. L. Raiser, Bad Godesberg
Die Förderung der angewandten Forschung durch die Deutsche Forschungsgemeinschaft

Heft 48:
Dr. H. Tromp, Rom
Bestandsaufnahme der Wälder der Welt als internationale und wissenschaftliche Aufgabe
Prof. Dr. F. Heske, Schloß Reinbek
Die Wohlfahrtswirkungen des Waldes als internationales Problem

Heft 49:
Präsident Dr. G. Böhnecke, Hamburg
Zeitfragen der Ozeanographie
Reg.-Direktor Dr. H. Gabler, Hamburg
Nautische Technik und Schiffssicherheit

Heft 50:
Prof. Dr.-Ing. F. A. F. Schmidt, Aachen
Probleme der Selbstentzündung und Verbrennung bei der Entwicklung der Hochleistungskraftmaschinen
Prof. Dr.-Ing. A. W. Quick, Aachen
Ein Verfahren zur Untersuchung des Austauschvorganges in verwirbelten Strömungen hinter Körpern mit abgelöster Strömung

Heft 51:
Prof. Dr. S. Strugger, Münster
Struktur, Entwicklungsgeschichte und Physiologie der Chloroplasten
Direktor Dr. J. Pätzold, Erlangen
Therapeutische Anwendung mechanischer und elektrischer Energie

# VERÖFFENTLICHUNGEN DER ARBEITSGEMEINSCHAFT FÜR FORSCHUNG DES LANDES NORDRHEIN-WESTFALEN

## Geisteswissenschaften

Heft 1:
Prof. Dr. W. Richter, Bonn
Die Bedeutung der Geisteswissenschaften für die Bildung unserer Zeit
Prof. Dr. J. Ritter, Münster
Die aristotelische Lehre vom Ursprung und Sinn der Theorie

Heft 2:
Prof. Dr. J. Kroll, Köln
Elysium
Prof. Dr. G. Jachmann, Köln
Die vierte Ekloge Vergils

Heft 3:
Prof. Dr. H. Stier, Münster
Die klassische Demokratie

Heft 4:
Prof. Dr. W. Caskel, Köln
Lihyan und Lihyanisch, Sprache und Kultur eines früharabischen Königreiches

Heft 5:
Prof. Dr. T. Ohm, Münster
Stammesreligionen im südlichen Tanganyika-Territorium

Heft 6:
Prälat Prof. Dr. Dr. h. c. G. Schreiber, Münster
Deutsche Wissenschaftspolitik von Bismarck bis zum Atomwissenschaftler Otto Hahn

Heft 7:
Prof. Dr. W. Holtzmann, Bonn
Das mittelalterliche Imperium und die werdenden Nationen

Heft 8:
Prof. Dr. W. Caskel, Köln
Die Bedeutung der Beduinen in der Geschichte der Araber

Heft 9:
Prälat Prof. Dr. Dr. h. c. G. Schreiber, Münster
Iroschottische Motive im abendländischen Sakralraum

Heft 10:
Prof. Dr. P. Rassow
Forschungen zur Reichsidee im 16. und 17. Jahrhundert

Heft 11:
Prof. Dr. H. E. Stier, Münster
Roms Aufstieg zur Weltherrschaft

Heft 12:
Prof. D. K. Rengstorf, Münster
Mann und Frau im Urchristentum
Prof. Dr. H. Conrad, Bonn
Grundprobleme einer Reform des Familienrechts

Heft 13:
Prof. Dr. M. Braubach, Bonn
Der Weg zum 20. Juli 1944 — Ein Forschungsbericht

Heft 14:
Prof. Dr. P. Hübinger, Münster
Das deutsch-französische Verhältnis und seine mittelalterlichen Grundlagen

Heft 15:
Prof. Dr. F. Steinbach, Bonn
Der geschichtliche Weg des wirtschaftenden Menschen in die soziale Freiheit und politische Verantwortung

Heft 16:
Prof. Dr. J. Koch, Köln
Die Ars coniecturalis des Nikolaus von Cues

Heft 17:
Prof. Dr. J. Conant, US-Hochkommissar für Deutschland
Staatsbürger und Wissenschaftler
Prof. D. K. H. Rengstorf, Münster
Antike und Christentum

Heft 18:
Prof. Dr. R. Alewyn, Köln
Klopstocks Publikum

Heft 19:
Prof. Dr. F. Schalk, Köln
Das Lächerliche in der französischen Literatur des Ancien Régime

Heft 20:
Prof. Dr. L. Raiser, Bad Godesberg
Rechtsfragen der Mitbestimmung

Heft 21:
Prof. D. M. Noth, Bonn
Das Geschichtsverständnis der alttestamentlichen Apokalyptik

Heft 22:
Prof. Dr. W. F. Schirmer, Bonn
Glück und Ende des Königs in Shakespeares Historien

Heft 23:
Prof. Dr. G. Jachmann, Köln
Der homerische Schiffskatalog und die Ilias

Heft 24:
Prof. Dr. T. Klauser, Bonn
Die römischen Petrustraditionen im Lichte der neuen Ausgrabungen unter der Peterskirche

Heft 25:
Prof. Dr. H. Peters, Köln
Die Gewaltentrennung in moderner Sicht

Heft 26:
Prof. Dr. F. Schalk, Köln
Calderon und die Mythologie

Heft 27:
Prof. Dr. J. Kroll, Köln
Vom Leben geflügelter Worte

Heft 28:
Prof. Dr. T. Ohm, Münster
Die Religionen in Asien

Heft 29:
Prof. Dr. L. Weisgerber, Bonn
Die Ordnung der Sprache im persönlichen und öffentlichen Leben

Heft 30:
Prof. Dr. W. Caskel, Köln
Entdeckungen in Arabien

Heft 31:
Prof. Dr. M. Braubach, Bonn
Entstehung und Entwicklung der landesgeschichtlichen Bestrebungen und historischen Vereine im Rheinland

Heft 32:
Prof. Dr. F. Schalk, Köln
Somnium und verwandte Wörter in den romanischen Sprachen

Heft 33:
Prof. Dr. F. Dessauer, Frankfurt a. M.
Erbe und Zukunft des Abendlandes

Heft 34:
Prof. Dr. T. Ohm, Münster
Ruhe und Frömmigkeit

Heft 35:
Prof. Dr. H. Conrad, Bonn
Die mittelalterliche Besiedlung des deutschen Ostens und das deutsche Recht

Heft 36:
Prof. Dr. H. Sckommodau, Köln
Die religiösen Dichtungen Margaretes von Navarra

Heft 37:
Prof. Dr. H. von Einem, Bonn
Der Kopf mit der Binde des Meisters von Naumburg

Heft 38:
Prof. Dr. J. Höffner, Münster
Statik und Dynamik in der scholastischen Wirtschaftsethik

Heft 39:
Prof. Dr. F. Schalk, Köln
Diderots Essai über Claudius und Nero

Heft 40:
Prof. Dr. G. Kegel, Köln
Probleme des internationalen Enteignungs- und Währungsrechts

Heft 41:
Prof. Dr. L. Weisgerber, Bonn
Die Grenzen der Schrift

Heft 42:
Prof. Dr. R. Alewyn, Köln
Von der Empfindsamkeit zur Romantik

Heft 43:
Prof. Dr. T. Schieder, Köln
Die Probleme des Rapallo-Vertrages 1922

Heft 44:
Prof. Dr. A. Rumpf, Köln
Stilphasen der spätantiken Kunst

MIX
Papier aus verantwortungsvollen Quellen
Paper from responsible sources
FSC® C105338

If you have any concerns about our products,
you can contact us on
ProductSafety@springernature.com

In case Publisher is established outside the EU,
the EU authorized representative is:
**Springer Nature Customer Service Center GmbH
Europaplatz 3, 69115 Heidelberg, Germany**

Printed by Libri Plureos GmbH
in Hamburg, Germany